植物靈藥

This Is
Your Mind
on Plants

Michael Pollan

麥可・波倫

鍾玉玨──譯

獻給朱蒂絲（Judith）

感謝一起踏上這趟旅程

目錄

Table of Contents

緒論

人類依賴植物為的是食物、美容、醫藥、香氣、味道、纖維等等，其中最怪的是，人類用植物改變意識狀態：刺激、撫慰、擺弄，或完全改變我們的感受與心智體驗（mental experience）。像大多數人一樣，我每天都會使用兩三種植物滿足上述需求。每天早上起床後第一件事是煮壺熱水，泡一兩種我依賴（與上癮）的植物，醒腦、提高注意力，為接下來的一天做好準備。我們通常不會把咖啡因飲品視為毒品，也不認為每天攝取咖啡因是上癮症，這完全是因為咖啡與茶是合法飲料，社會接受對它們上癮。那麼，到底什麼是藥（毒）？為何用茶樹（Camellia sinensis）的葉子泡茶不會有爭議？用鴉片罌粟花（Papaver somniferum）的種子泡茶就有問題？我若敢泡壺罌粟花茶，就是觸犯聯邦法，是聯邦罪犯。

任何人嘗試為藥品下個一絲不苟、牢不可破的定義，最後都會碰壁。雞湯是藥嗎？糖呢？代糖呢？洋甘菊茶呢？安慰劑呢？如果我們把藥簡單地定義為吃進肚裡的東西，該東西以某種方式讓我們變得不一樣，變的可能是身體、可能是意識狀態（或兩者皆是），那麼上述東西肯定符合藥的定義。但是，我們難道不應該清楚區隔食品和藥品嗎？面對這個難題，食品藥物管理局（FDA）不直接回答，而是給了循環的定義，稱藥品是「食品以外」被藥典（pharmacopoeia）認可的東西，亦即被FDA承認是藥的東西。這種解釋說了等於沒說。

只有在藥物的前面加上「非法」這個修飾語，事情才會稍微清楚。什麼是非法藥物，完全是政府說了算。非法藥物幾乎清一色具備影響意識狀態的能力，這點絕非偶然。或者我應該說，改變意識之外，非法藥品也與社會順利運作以及當權者的利益相悖。以咖啡和茶為例，在許多方面充分證明它們對資本主義的價值，尤其是讓我們成為更有效率的勞工這點，所以咖啡和茶沒有被禁的風險。但是迷幻藥不然，明明毒性不比咖啡因大，成癮的可能性也小得多，不過自一九六〇年代中期以來，西方一直將其視為威脅，不利社會常規與制度。

但是合法與非法的分類不像你想像地那麼一成不變或牢不可破。在阿拉伯世界與歐洲，當權者曾宣布咖啡是非法飲品，因為他們認為，民眾聚在一起喝咖啡（聊是非）會對政治構成威脅。此外，在我寫這本書時，迷幻藥的定位似乎出現了變化。由於研究證明，迷幻藥對於治療精神疾病有幫助，因此一些迷幻藥不久可能會獲得FDA核准，成為合法藥品。亦即，被認為對社會的運作是利大於威脅。

這正好是原住民一直以來對迷幻藥的看法。許多原住民部落會在宗教儀式上使用名為烏羽玉（peyote）的迷幻仙人掌。儀式上，大家聚在一起，藉烏羽玉的致幻性，療癒殖民統治與剝削導致的創傷，進而強化社會規範。美國政府認可憲法第一修正案裡有關美國原住民可使用烏羽玉的規定，認為這是他們的宗教自由，但是剩下的民眾，享有的宗教自由權絕不包括這點，即便我們使用烏羽玉的方式類似原住民也不行。下面這話挺有道理的：改變迷幻藥法律地位的是使用者身分，而非迷幻藥本身。

植物是藥還是毒，沒有黑白分明的道理可言。但是我們對植物設下禁忌（plant taboos）也不完全是任意獨斷的決定，正如上述例子所示，致幻性（改變意識狀態）藥物若有助於維護社會規則，即可被社會容忍。反之，若破壞社會規則，則會被禁。這也是為什麼從社會使用／禁用哪些刺激（活化）精神的物質（psychoactive substances），可清楚看出該社會的恐懼和欲望。

我十幾歲開始走入園藝，並嘗試種植大麻，深受這強大植物吸引，也著迷於圍繞它們打轉的強烈禁忌與焦慮。我漸漸發現，我們把這些植物用到身體裡，讓它們改變我們的意識狀態，其實是用最深入的方式和自然打交道。

地球上幾乎每個文化都可在其環境裡，發現至少一種可改變意識狀態的植物或真菌，而且大多數時候，不只一種植物，而是一整個系列。人類肯定經過了漫長而危險的反覆嘗試，再三從錯誤中累積經驗，才確認了哪些植物可以緩解身體難以忍受的疼痛；提高我們的警覺力；或大幅提升能力，完成不尋常的壯舉；或是有助改善社交；抑或升起敬畏或陷入狂喜的感覺；滋養我們的想像力；超越時空；進入夢境、產生幻覺、經歷神祕的體驗；和已故祖先或神靈見面。顯然，我們人類並不滿足於每天正常的意識狀態；老是想辦法改變、強化（刺激）它，偶爾想超越它，而今我們已在自然界確認了一整組植物分子，讓我們能做到這一點。

這本書是我對其中三種分子，以及製造這些分子的了不起植物所做的探索與分析：鴉片罌粟中的嗎啡；咖啡與茶所含的咖啡因；烏羽玉和聖佩德羅仙人掌（San Pedro cacti）所含的麥司卡林（mescaline，俗稱仙人掌毒鹼）。第二種分子（咖啡因）今天在各地都合法；第一種分子（嗎啡）在多數地區都是非法毒品（除非是製藥公司生產製造以及經過醫師處方）；第三種（麥司卡林）在美國非法，除非你屬於某個印第安原住民部落。三種分子各代表三大類刺激精神物質中的一種：止痛（downer，鴉片）、提神（upper，咖啡因），以及我所謂的出體（outer，麥司卡林）。或者說得更科學一點，分別是鎮靜劑、興奮劑、致幻劑。

總的來說，這三種植物提煉出來的藥物，涵蓋了人類對影響（刺激）精神物質的大部分體驗。從地球上使用率最普及的精神活化物質——每天為伍的咖啡因，到印第安原住民在儀式上使用麥司卡林，乃至自古以來緩減疼痛用的鴉片。其中值得一提的篇章背景設在一九七〇年代的反毒戰爭，在那段混亂迷惑的時代，政府更關注一群種植罌粟的花農（他們會用罌粟籽煮出溫和的麻醉茶），而不去關注用罌粟生產含鴉片止痛藥奧施康定（OxyContin）的一家製藥公司（該公司明知產品會讓人上癮，還是讓數百萬美國人對FDA核准的奧施康定上癮）。而我就是當時種植罌粟花的花匠之一。

這三個故事，我都會從多個角度切入，並透過不同的視角呈現：歷史學、人類學、生化學、植物學、個人經驗等等。這三種植物藥，我都親自下海嚐草（skin in the game），或者應該說我的腦細胞都親自下海與役，因為我不知道，若不親自投入實驗，如何能寫出意識狀態改變時的感覺以及意義。不過在咖啡因的例子裡，我的自我實驗是戒掉咖啡因，而不是狂喝咖啡因飲料，事實證明戒癮比上癮難多了。

其中一章是我二十五年前寫的一篇文章，當時反毒戰爭如火如荼，所以敘述帶有那段期間的印記——恐懼與偏執。但是其他故事則受到反毒戰爭漸漸退場影響，看來戰爭的尾聲已經在望。二〇二〇年的大選，奧勒岡州人民投票決定將持有毒品（所有種類的毒品）一律除罪化，特別是合法化迷幻藥的醫療用途。華盛頓特區也通過一項公投，將「致幻植物與真菌」（entheogenic plants and fungi）除罪化。*〔「致幻劑」（entheogen）一字出自希臘

*「除罪化」有點用詞不當。二〇二〇年公投結果指示執法人員與檢方，把起訴種植、持有、使用（但不包括銷售）植物藥物的工作，列為最不優先處理的事項。除罪化運動由一個名為「自然除罪化」（Decriminalize Nature）的組織策劃推動，我會在麥司卡林那一篇聊聊該組織。

文，意思是「彰顯內在的神（神性）」，是一種替代性迷幻藥（psychedelics），由一群宗教學者在一九七九年所創，希望消除這類藥物的反主流文化色彩，並強調它們幾千年來的精神用途。」同樣是二〇二〇年的大選，新澤西州和四個共和黨的票倉（亞利桑那州、密西西比州、蒙大拿州、南達科他州）投票決定解禁大麻，讓大麻合法化的州累計達三十六個。

我寫這本書賭的是，美國的反毒戰爭逐漸式微（這場反毒戰用了平底鍋煎蛋的廣告、配上「這是你染毒的腦」的文字敘述，過於簡化，但看了讓人駭然），這為我們打開了一個空間，可以談談其他更有趣的故事，有關那些改變意識狀態的植物與真菌（這些都是大自然賜福給人類的最好禮物），自古以來與我們人類的關係。

我用「賜福」一詞時，充分明白人類使用植物藥品（毒品）可能衍生的悲劇。在這點上，希臘人做得比我們更好，他們明白藥既是藥也是毒的兩面性，這點可反映在他們對「pharmakon」這一詞的模糊性，pharmakon的意思是亦藥亦毒；完全取決於用途、劑量、意圖、精神狀態（set）、身體所處環境（setting）**。（pharmakon還有第三個意思，在反毒戰爭中經常被借用：代罪羔羊，一出問題，成為被歸罪的對象。）濫用毒品現象的確存

** 「set and setting」是提摩西・李瑞（Timothy Leary）所創的術語，用以強調一個人的精神狀態與身體所處環境會嚴重影響迷幻藥的體驗。

在，但是與其說濫用藥（毒）是觸犯法律，不如說是與藥（毒）建立了不健康關係，不管關係是合法或非法，在這種不健康的關係裡，盟友成了敵人。明明同樣都是鴉片，在二〇一九年，過量使用鴉片而導致約五萬名美國人喪生；但也是因為鴉片，病患得以忍受手術的痛，讓離開人世的過程沒有那麼痛苦。這些當然也是一種祝福。

我在本書講述植物裡所含的這三種可影響精神的化合物時，把故事的背景放在我們與自然的關係上。連接我們與自然的無數條細線中，有一條線能把植物的化學成分和人類意識相連起來。既然雙方有了關係，我們需要解釋植物的觀點以及人類的觀點。世上有太多種植物找到了與人類大腦受體緊密結合的精確分子配方，為什麼可以這麼厲害？因為配方精準，這些分子能讓我們的痛感短路，或是提振我們精神，或是讓我們意識離開自己的肉身。你不得不懷疑：植物設計和製造這些可以充當人類神經傳導物質的分子，對我們人類產生如此深遠的影響，但對植物本身到底有何好處？

植物裡可以改變動物意識與想法的分子，一開始都是植物的防禦工具：像是嗎啡、咖啡因、麥司卡林這樣的生物鹼，味道苦澀、含毒素，目的是阻止動物吃含有這樣生物鹼的植物，如果動物堅持要吃，就讓牠們中毒。但植物很聰明，在演化的過程中，它們知道直接殺死害蟲，不見得是最聰明的辦法。畢竟直接分泌致命的殺蟲劑會很快地汰弱留強，讓有抗藥性的害蟲群留下來，導致殺蟲劑失效。捨去直接殺死天敵，植物進化出更細緻、更狡猾的策略：用化學成分擾亂動物的思想，讓牠們困惑、失去方向，或是破壞動物的食慾——咖啡因、麥司卡林、嗎啡都滿有效地做到這點。

大多數植物所含的精神活性物質，一開始都是毒素，只是有時也會演變成相反的結果：引誘物質（attractants）。科學家最近發現，有數種植物在花蜜裡製造咖啡因，你絕不會想到植物在花蜜裡提供有毒飲料吧。這些植物發現，可以藉提供低濃度咖啡因，吸引蜜蜂等授粉的昆蟲一來再來；更妙的是，證據顯示，嚐了咖啡因之後，可以增強蜜蜂的記憶力，讓牠們成為該植物忠實、效率佳又勤勞的授粉者。這和咖啡因對我們的影響力差不多。

一旦人類發現了咖啡因、嗎啡、麥司卡林對他們的作用，只要能大量製造這些成分的植物，均獲得我們關注，在陽光下茁壯成長；我們把它們的基因廣傳到全世界，擴大它們的棲息地，滿足它們的各種需求。今天，我們的命運和這些植物的命運交織糾葛在一起。雙方從原本互戰，如今結成一家親。

為什麼我們人類竭盡所能地要改變我們的意識狀態？為什麼要用法律、習俗、禁忌、焦慮來圍堵這普世的欲望？自從三十多年前，我開始書寫人類與自然界的關係以來，這些問題一直占據我的心思。當你把這欲望（改變意識狀態）和其他同樣向自然索討而滿足的需求——食物、衣著、住所、美貌等等，改變意識狀態的欲望似乎對我們的成就與生存，沒有太大的貢獻（就算有的話）。事實上，想要改變意識狀態的欲望，可能被社會視為適應不良，因為意識改變後可能讓我們陷入發生意外或是更易受到攻擊等險境。此外，這些植物的精神活性成分，許多都有毒；其他沒有毒的，如嗎啡，則會讓人容易上癮。

不過，如果我們對改變意識狀態的欲望是普遍的、是人類本能的需求，那麼改變意識狀態應該是利多於弊（風險），否則物競天擇，早就把吸毒者淘汰殆盡。以嗎啡為例，止痛的價值讓它成了幾千年以來，藥典中最重要的藥物之一。

能夠改變意識狀態的植物也能滿足人類其他需求。對於受困單調生活的人而言，我們不該低估這類植物的價值，因為其成分有助於刺激人腦生出新奇感受與想法，緩解無聊、增加娛樂性。有些藥物可以擴大世界的輪廓，不受當下措施的限制，這正是我在新冠疫情大流行期間發現的現象。有利於提高社交能力的藥物，不僅能滿足我們，也理應能誕生更多的後代。而諸如咖啡因這類的興奮劑，能提高注意力，提高我們的學習成績與工作表現，以理性與線性的方式思考。人類意識總是面臨被卡住的風險，思緒不斷反芻來來回回原地打轉，這時蘑菇所含的天然迷幻藥成分賽洛西賓（psilocybin）可以幫助我們走出這些困境，放鬆卡住的大腦，刺激不一樣的思維模式。

致幻藥物（Psychedelic drugs）也能嘉惠我們（有時也會嘉惠我們的文化），因為這類藥物能刺激服藥者的想像力，滋養他們的創意。我並非暗示，所有出自被改變意識狀態的想法都是好的，實際上，大多數都不是。不過有時飄飄然的腦會突然冒出新奇的想法、解決問題的辦法、看待事物的新角度等等，這些不僅有利於所在的小組，甚或可改變歷史進程。可以這麼說，咖啡因在十七世紀傳入歐洲，刺激了更理性（與清醒）的思維方式，進而催生了理性時代與啟蒙運動。不妨把這些精神活化成分視為致變劑（mutagens），只是這個致變劑屬於人類文化領域，而非生物領域。一如暴露在輻射下會導致基因突變，進而導致遺傳變異以及不一樣的特質（traits），汰舊換新後的特質，往往被證明適合該物種。致幻劑也是同樣的道理，它會改變個體的意識（想法），影響所及，偶爾會對文化的演變貢獻有用的迷因（memes）——亦即概念上的突破、全新的隱喻、新穎的理論。當人類的意識與植物分子相遇，世界變了，當然並非總是如此，甚至也不是經常，而是偶爾。如果人類的想像力有部自然史，植物的化學物質可是助了人類想像力一臂之力，這點有人會質疑嗎？

致幻劑的成分可讓人升起敬畏感、進入神人合一的神祕體驗，有助於培養人類靈性的衝動。實際上，根據一些宗教學者的說法，靈性的衝動一開始可能是致幻劑引起的。*超脫、現實世界、另一個看不見的維度，以及來世等概念，可能都算是突變（迷因）吧，藉由精神活化物質讓人腦產生幻覺，而讓這些迷因進入人類的文化。藥物並非獲得神祕體驗（許多宗教的核心）的唯一途徑，冥想、斷食、獨處也可以達到類似效果，但藥物是已獲驗證的工具。植物藥物的宗教性或儀式性用途，也有助於團結人民，鞏固社群連結，連帶降低自我的小我意識。我們現在才要開始了解，人類與精神活化植物之間的關係如何塑造我們的歷史。

植物擁有這麼驚人的影響力與可能性，因此被同樣強大的情緒、法律、儀式、禁忌所包圍，這現象也許不令我們意外。畢竟大家多少明白，改變意識狀態，可能對個人和社會都會造成破壞性。當這麼強大的工具（植物）落入易犯錯或走偏的人手中時，事情可能變得非常糟糕。美洲印第安原住民部落長期使用致幻劑（如麥司卡林、死藤水），從他們的經驗裡，我們要學的還很多。通常情況下，他們從來不會隨便使用這些致幻劑，而是有明確目的，在儀式上、在有經驗的長老監督下使用。這些原住民明白，這些植物足以釋放出酒神式的能量，若管理不當，可能會失控。

但是反毒戰爭這個鈍器，讓我們無法思考這些模糊性，也無法深思有關我們天性的重要問題。毒品戰爭過於簡化毒品的作用與性質，並堅持將它們全部歸類到一個毫無意義的名稱之下，影響所及，長期以來讓我們無法清楚思考這些非常不同的物質代表的意義以及潛力。植物藥物分子的法律地位，是最不讓人感興趣的面向之一。和食物一樣，精神活化藥物對人類而言，與其說是東西，不如說是一種關係（少了人腦幫忙，這些植物藥根本起不了作用）；植物藥物的分子須結合人的意識，一切才會發生。本書的前提是，這三種植物分子（嗎啡、咖啡因、麥司卡林）與人類的關係，猶如鏡子反射出我們人類最深層的需求和希冀、人類意識的運作，以及我們和自然界糾葛的關係。

* 至少從一九七〇年代以來，有關致幻劑在宗教的基礎性功能，一直徘徊在宗教研究的邊緣。當時高登．瓦森（R. Gordon Wasson，重新在蘑菇裡發現賽洛西賓成分）找了亞伯特．霍夫曼（Albert Hofmann，合成ＬＳＤ迷幻藥的瑞士化學家）與卡爾．魯克（Carl A.P. Ruck，年輕古典主義學者）合作，合寫*The Road to Eleusis: Unveiling the Secret of the Mysteries* (New York: Harcourt Brace Jovanovich, 1978; reprint, Berkeley: North Atlantic Books, 2008)，另見John M. Allegro, *The Sacred Mushroom and the Cross* (London: Hodder and Stoughton; New York: Doubleday, 1970)。最近還有一本分析致幻劑在早期宗教活動的角色，也非常出色，參見Brian C. Muraresku's *The Immortality Key: The Secret History of the Religion with No Name* (New York: St. Martin's Press, 2020).

第一篇

鴉片

對希臘人和羅馬人而言，罌粟花象徵酣睡與瀕死。我們當代人顯然腦袋不如古人靈光，無法容納兩個相互矛盾的想法，否則今天我們爲什麼對於合成鴉片或天然鴉片沒有一句好話？

Opium

自序

這篇自序後的文章大約寫於一九九六到九七年反毒戰爭接近巔峰時，是一篇新聞稿，文章本身成了那場戰爭的小小犧牲品。這篇文章一開始刊登在一九九七年四月號的《哈潑》雜誌（*Harper's*），但是雜誌沒有全文刊登。諮詢了幾位律師後，我的結論是，其中四、五頁關鍵性內容如果公開，我可能難逃官司與牢獄之災，連帶住家與花園都會被政府查扣，基本上，人生恐毀。二十四年後，當初被我藏起來結果下落不明的這幾頁已被修復，首次付梓和世人見面。

文章一開始，語調開心得像雲雀，結尾卻是焦慮、偏執、自我約束。當時，我和妻子、四歲兒子住在康乃狄克州鄉下，撰寫在自家花園裡發生的大小事。作為一個園丁，我非常著迷人類與若干植物之間的共生關係。人類需要植物滿足各種欲望，從營養成分、美容，乃至改變意識狀態，人類都離不開植物。在一九九六年初，《哈潑》雜誌的總編輯保羅・塔夫（**Paul Tough**）寄給我一本地下出版社印製的書籍，書名是《大眾的鴉片》（*Opium for the*

Masses），並暗示，也許會替我在雜誌裡闢個專欄。我立刻心癢難耐，心想應不難拿到罌粟花的種子，在自家花園栽種成功後，動手自製歷史最悠久的神經系統活化藥物——鴉片。我決定試試，看會發生什麼事，結果活生生經歷一次慘痛的夢魘，發現自己被捲入一場安靜但堅定的聯邦反毒運動，政府鐵了心趕在可輕鬆自製麻醉藥毒品（narcotic）成為風潮之前，殲滅一切這類的知識。

事情發展如我們所期望，反毒戰爭日漸沒落，當年我寫的文章，今天讀起來，覺得某些地方過於緊繃，但是大家有必要了解當時的寫作背景。在柯林頓總統任內，政府對毒品宣戰，力道之重前所未見。在我種植罌粟花那一年，逾一百萬美國人因為毒品犯罪而被捕。根據柯林頓一九九四年簽署的犯罪法案，和毒品相關的犯罪，罰則變得更重，該法案實施所謂「三振出局」的量刑原則，導致許多非暴力毒品犯罪，因為兩次累犯之後，第三次將面臨強制性最低量刑準則，延長坐牢刑期。到了一九九〇年代中期，最高法院對毒品官司的一系列裁決，讓政府新增各種權力，嚴重削弱人民的公民自由權。政府還可沒收涉毒嫌犯的財產，包括房子、車子、土地，即便這些人尚未被定罪，甚至還未被正式起訴。

被削弱的公民權是反毒戰爭的受害者？抑或是反毒戰爭的目標？這問題問得好。柯林頓總統並非發動反毒戰的第一位總統，這「第一的頭銜」應頒給尼克森總統，我們現在知道，他把反毒戰視為對抗敵人的政治工具，而非為了公共衛生或民眾安全。二〇一六年四月

《哈潑》雜誌刊登一篇文章〈全部合法化〉（Legalize It All），記者丹．鮑姆（Dan Baum）在文中提到，他在一九九四年（亦即我家花園遭遇不幸的前兩年）訪問了約翰．埃利希曼（John Ehrlichman）。埃利希曼是誰？大家若沒忘，應該會記得他是尼克森總統的首席內政顧問，後來因為涉入水門案而在聯邦監獄服刑。鮑姆和埃利希曼談到反毒戰爭，當時他是這場戰爭的主要舵手。

「你想知道這究竟是怎麼回事嗎？」埃利希曼說道，鮑姆被他坦率與憤世嫉俗的反應嚇了一跳。埃利希曼解釋，尼克森在總統任內「有兩個敵人：反越戰的左翼分子與黑人……我們既然不能在非法的情況下打擊反戰的左派分子和黑人，只好透過合法行動消滅他們，因此控訴嬉皮愛呼大麻、黑人愛吸海洛因，然後藉由加重染毒罪，打擊這兩個社群。我們可以逮捕他們的領導人、搜查他們的住所、解散他們的集會、每天的晚間新聞日復一日抹黑他們。我們知道自己在說謊嗎？當然知道。」*

儘管政府至今沒有正式宣稱反毒戰是贏是輸，但你已鮮少從政府官員以及政治人物口中，聽到向毒品宣戰這樣的口號。我猜他們沉默的原因有兩個：一，基於政治現實考量，既

* 埃利希曼這番談話被一些在白宮任職的同事反駁：鮑姆在二〇二〇年過世，所以我無法請他提出證明，或是解釋為何他等了十多年才決定公開發表這段訪談。

然二〇〇一年已對另一個目標「宣戰」，因此沒有必要再對毒品祭出嚴刑峻法。反恐戰爭已經取代反毒戰爭，成為政府合理化擴權和限縮公民自由權的理由。二，基於公衛考量，任何關注此事的人都不難發現，長達半個世紀的反毒戰，毒品才是最後贏家。將毒品入罪化，無助於阻止民眾吸食（注射）毒品，也未降低成癮比例或是服藥過量致死率。反毒戰爭留下的主要遺產是讓監獄塞滿成千上萬非暴力罪犯（其中黑人人數遠高於嬉皮）。這是我在一九九六年種植鴉片時的歷史背景，大家可把我的故事當成一窺美國當時黑色恐怖時期的窗口，連在自家花園種種花都會變成聯邦罪犯，陷入對自己相當不利的法律險境。不過還有另一個歷史背景，大家在閱讀本章節時可以參考，而這背景在當時，無人看得分明。

今日，天然的「鴉片」（**opium**）與半合成或合成的「類鴉片藥物」（亦譯鴉片劑，**opiate**）代表的含意，非常不同於我在一九九六年種植罌粟花的年代。今天鴉片與類鴉片讓人聯想到全國性的公衛災難，但是在一九九六年，美國並無「類鴉片危機」（**opioid crisis**）。當時可能有五十萬人吸食海洛因成癮，每年約四千七百人死於用藥過量。這些悲劇往往被用來合理化當時的反毒戰，不過以全美二．七億人口計算，這些數據幾乎稱不上公衛危機。（這也是何以大麻（**cannabis**）必須被列入反毒戰的清單）。相形之下，今天每年因服用類鴉片藥物過量致死的人數（包括合法與非法）將近五萬人，對半合成與合成類鴉片藥物成癮者約兩百萬人。（根據美國藥物濫用與精神健康管理署統計，另外有一千萬人濫用類鴉片藥物。）類鴉片藥物氾濫是自愛滋病／愛滋病毒以來，美國國民最大的健康威脅，僅次於新冠大流行病。

但是濫用類鴉片藥物的流行病，罪魁禍首並非病毒，甚至不是非法的毒品走私經濟，企業才是元凶。我在對鴉片進行非法的自我實驗時，並不知道就在同一個歷史時刻，製藥業正在播下類鴉片藥物危機的第一顆種子。一九九六年夏，緝毒局（EDA）悄悄打壓園丁、種子商、作家、與罌粟花勾搭瞎搞的不知名小人物，但是同一時間，鮮為人知的普度製藥公司（Purdue Pharma，總部設在康乃狄克州斯坦福市，距離我家花園約九十七公里），已上市一款可緩慢釋放含鴉片成分的類鴉片藥物——奧施康定。

普度公司在一九九六年大力行銷奧施康定，讓醫師相信，奧施康定的新配方比其他合成的類鴉片藥物更安全、更不易上癮。普度製藥向醫界強調，疼痛未得到充分治療，並保證新配方的鴉片類止痛藥不僅可以嘉惠癌症與動手術的病患，也能讓患有關節炎、背痛、工傷的人受益。大力行銷的結果，讓奧施康定的處方量激增，連帶也讓普度製藥的老闆薩克勒家族（Sackler family）*進帳三百五十多億美元，但是導致二十三萬多人因為用藥過量而喪

* 薩克勒家族承襲美國豪門家族的傳統，財富來自於銷售鴉片及其衍生物，這些家族包括約翰·雅各·阿斯特（John Jacob Astor）、卡伯特家族（the Cabots）、伯金斯家族（Perkinses）與波士頓的庫興家族（Cushings），這些家族靠販售鴉片致富，但大家比較熟悉他們的公益事業與各種贊助。

生。其實這數字嚴重低估了奧施康定造成的傷亡數。數千人對合法止痛藥上癮，最後必須求助於地下毒品，因為他們無法合法獲得或負擔不起醫師開立的鴉片類處方藥；每新增五個海洛因使用者，就有四個從使用處方止痛藥開始。

政府反毒行動如火如荼進行，表面上是為了消滅一個真實存在但其實還滿溫和的公衛問題，反毒的同時，類鴉片藥物卻獲得食品藥物管理局核准上市，這些合法的鴉片類止痛劑才是導致公衛危機的真正禍首。從這角度視之，以反毒之名對我的花園和這篇文章伸出魔爪的詭計，幾乎是一場可笑而滑稽的鬧劇，猶如默片《他們就這樣朝那方向走了》（*They Went Thataway*）裡一群愚蠢無能的基斯通警察（Keystone Kops）。

人類種植罌粟已有五千多年歷史，罌粟是藥典中最重要的藥物之一。長期以來，人類明白罌粟及其強大分子「亦正亦邪」的兩面性：對難忍疼痛或瀕臨死亡的人而言，罌粟是恩賜，但也會讓濫用它的人深陷危險。對希臘人和羅馬人而言，罌粟花象徵酣睡與瀕死。我們當代人顯然腦袋不如古人靈光，無法容納兩個相互矛盾的想法，否則今天我們為什麼對於合成鴉片或天然鴉片沒有一句好話？大家不會想到「恩賜」，也許臨終時會吧。不過有關罌粟花的真相，也適用於所有植物藥物。它們對人類既是盟友也是毒藥，意味端視我們如何和它們建立健康的關係。

至於罌粟花本身，也許不久會被淘汰，從我們人類與鴉片的悠久關係中消失，因為藥效更強、更便宜的合成生物鹼將霸占合法與非法的止痛藥市場。當有一天這現象真的出現，有些東西將消失。我在自家花園進行自我實驗，下的賭注之一是，趕在罌粟花從我們生活中一度如此重要的角色被降級為裝飾品之前，全方位了解罌粟花的各個面向以及它的效力，希望我這樣的努力具有若干意義與價值。

鴉片茶，輕鬆製作

上一季是奇怪的一季，不僅氣候反常地涼爽與潮濕（整個新英格蘭地區的園丁都在談論），也是多疑、多慮的一季。多疑與多慮起因於一種花：罌粟花，這花長得高、絲質的血紅色花瓣、黑色的花心、美到讓人屏息。根據州法與聯邦法，種罌粟花這可是重罪，但我發現時，為時已晚。實際上，事情沒有那麼簡單。我的罌粟花是重罪（或可變成重罪），但是另一個園丁的罌粟花可能或可能不構成重罪。

種植罌粟花的合法性問題，千絲萬縷、治絲益棼。罌粟花的種子名稱，市面上說法不一，包括麵包籽罌粟（breadseed poppy）、牡丹罌粟（Papaver paeoniflorum），以及重中之重的鴉片罌粟（Papaver somniferum）。種植罌粟花的合法性問題，牽涉到命名學與認識論（epistemology），花了我大半個夏天才釐清。在我解釋原委之前，容我提醒還想繼續種植這一年生植物的園丁，聽我好心的警告：從法律甚至願意的角度而言，你對它知道愈少，對你愈有利。因為你家花園的罌粟花是否非法，不取決於你對它們做了什麼，或是打算對它們做什麼，而僅僅取決於你對它們「知道多少」。因此我的警告是：如果你想種植罌粟花，最好現在就打住，別再繼續讀下去。

至於我，在嚐過罌粟花知識的禁果後，至少在法律的眼裡，恐怕我已經輸了。我對罌粟知道愈多，我家罌粟背負的罪就愈重，我在大白天的時候就愈害怕，在某種程度上，連入夜後都不安心。直到去年秋天某一天，我終於拔光罌粟的枯枝，把它們扔到堆肥上，連帶也放下心中一塊大石。自此（我希望）能重新加入不用擔心警察上門盤查的園丁之列。

儘管一開始不是百分之百無辜，但也沒有踩到法律紅線。至少我在二月時是這麼想的。當時我在每年下單採購的花卉與蔬菜清單上，增加了幾個罌粟花品種，包括鴉片罌粟、牡丹罌粟、紅罌粟（P. rhoeas）等等。但是有關罌粟花的一般知識（甚至是行家知識）只能用混亂形容；錯誤訊息乃至假訊息比比皆是。

我在《瑪莎生活》雜誌（*Martha Stewart Living*）讀到這句話：「不同於大家所想的，聯邦法律並未禁止種植鴉片罌粟花。」在栽種之前，我查閱了《泰勒園藝指南：一年生植物篇》（*Taylor's Guide to Annuals*），在這本大眾公認的園藝《聖經》裡，的確提到「未熟罌粟殼的汁液可以製造鴉片，生產鴉片在美國是非法的。」但是該指南沒有提到罌粟花本身有任何須擔憂的地方。我心想，如果販售罌粟花的種子是合法的（而且我在六、七個知名的種子郵購型錄中都看到有賣鴉片罌粟的種子），那麼下一步，根據種子外包裝上的步驟與指示栽種，怎麼可能是聯邦犯罪？再者，如果真是聯邦罪，型錄不是至少該有個免則聲明嗎？

因此，在我看來，只要我沒打算利用罌粟花提煉鴉片，就可正大光明站在法律這一邊。但是我得坦承，去年夏天我一直掙扎，力抗這個誘惑。你看吧，我好奇地想知道，是否真的像我最近讀到的文章，一個技術平平的園丁，可以在國內栽種合法取得的種子，並從長出的植物中獲得麻醉品。對另一個園丁而言，這心態並不奇怪，因為我們園丁都是這樣：明知其不可為而為知。

例如想試試能否在溫帶區成功種出朝鮮薊，能否用紫錐菊的根部製作出紫錐花茶（echinacea tea）。其實我打心底懷疑，許多園丁搞不好把自己視為下放到小聯盟的煉金術大師，可將堆肥（以及水和陽光）化為美麗、有強大效力、具稀世價值的珍寶。此外，身為園丁最大的滿足感之一是完全可以自己作主，不受蔬果商、花店、藥商的影響，對某些人而言，也不受毒販的影響。一個人無須千里迢迢「回歸大地」（back to the land），才能體驗脫離國家經濟網、自給自足的滿足感。是的，我很想知道自己是否可以在家自製鴉片，尤其是在絕不觸法下，保證所有罌粟花種子都是循合法管道取得。在我看來，這確實堪稱一門煉金術，而且是讓人印象特別深刻的煉金術。

不過我根本不確定自己是否準備好要做到那樣的地步，畢竟對象是鴉片呢！我早過了十八歲，不再是懵懂的年輕人，不宜甘冒這麼大的風險。其實我已四十二歲，是個顧家男

（這是大家說的），有房有產，已揮別過去吸毒的日子。*並不是說不會偶爾回溫那段日子，但盡是一些有關毒品氾濫的空話。而今我有了一個孩子、要付房貸，還養了一匹馬。身為成年人、過著中產階級的生活方式，根本禁不起面臨聯邦麻醉毒品指控而被捕，更禁不起住家、土地被充公，財產充公往往伴隨逮捕令。我合理推斷，種植罌粟花是一回事，用罌粟花製毒又是另一回事。我想我知道兩者之間的界線，有信心可以安全過關。

但是事實證明，在美國向毒品宣戰的期間，兩者之間不見得如大家所想的界線分明。所謂兩者，一邊是依法行事、讓人感受到光明溫暖的國家（我的國家！）一邊則是SWAT特警隊、強制性量刑的三振出局法、財產充公，以及毀人人生等各種陰暗面。除了界線不明，有人甚至可能不知不覺越過界線。

去年夏天，我鑽研鴉片罌粟花的園藝與法令時，認識了一個人，他也從事記者工作，年齡和我相仿，因為越過那條園藝與製毒的界線，導致生活被毀得一場糊塗。不過他的例子顯示，有理由相信，移動的是邊界，而非他種罌粟花的初衷；他被控擁有罌粟花（這花和現在成千上萬美國人種在自家花園，或是插在花瓶裡的花一模一樣），結果遭到收押。他和這

＊ 讀者若讀了我上一本書《改變你的心智》以及下一章有關麥司卡林的內容，也許會對這說法感到好笑。

些人不同的是，他曾出版過一本關於這花的書籍，裡面描述將罌粟花蒴果（seed pod）轉化為麻醉藥的簡單方法，但政府不惜一切代價打壓這資訊，務必讓其噤聲。這給了我靈感，決定以鴉片為題完成這篇文章。

快樂之花

講述我自己冒險踏入罌粟花之旅、與罌粟花警察你來我往的遭遇之前，我得先說說這位熟人的近況，畢竟他給了我靈感，讓我勇於投入種植罌粟花的實驗工程，也是導致我第一次出現疑神疑鬼妄想症的直接原因。他的名字是吉姆・霍格希爾（Jim Hogshire）。他第一次引起我的注意是在幾年前，當時《哈潑》雜誌摘錄了《藥錠向前衝》（*Pills-a go-go*）的部分內容，《藥錠向前衝》是一九九〇年代初紛紛崛起的「自製雜誌」（zines）中，內容最慧黠、最豐富的一本雜誌，當時桌上型出版系統（desktop publishing）問世，個人也可以單槍匹馬出版雜誌，滿足特殊興趣的小眾讀者。霍格希爾本人對藥品有特殊興趣（其實是他的熱愛）：包括合法與非法藥物的化學成分、法規、療效等等。只要霍格希爾有時間就會印製彩色版的《藥錠向前衝》，內容包括製藥公司的內部新聞，以及他本人實驗某藥後的第一手資料，他稱之為「藥錠解密」（pill-hacking）。《藥錠向前衝》有強烈的自由主義和民淬主義（libertarian-populist）色彩，只要食品藥物管理局、緝毒局、美國醫學會（AMA）等組織擋在美國人民和他們的藥錠之間，雜誌就會痛加抨擊，因為這些藥在霍格希爾眼中，具有驚人的影響力，既可治病又能改變人類歷史的進程以及意識狀態，所以霍格希爾對這些藥錠充滿敬意。

霍格希爾的藥物實驗報告讀起來很有趣，我尤其記得他故意服用過量的氫溴酸鹽後的描述（後來被《哈潑》雜誌轉載）。氫溴酸鹽（Dextromethorphan Hydrobromide），簡稱DM，這成分常見於不用處方箋的止咳糖漿與夜間感冒藥。他表示自己喝了八盎司的諾比舒冒DM（Robitussin DM）之後，在清晨四點醒來，決定應該先刮個鬍子，然後去金考影印店（Kinko's）印製幾份《藥錠向前衝》：

> 這反應似乎很正常，但實際上，我只剩爬蟲類大腦（掌管呼吸、心跳的腦區）運作正常，至於大腦掌管思考、感知的方式完全改變……
>
> 我沖了澡、刮了鬍子。在刮鬍子的時候，我「腦袋想」的是，我是不是把自己的臉毀成了碎片。因為我沒看到任何血跡，也沒感到任何疼痛，所以我並不擔心。如果我低頭看到自己長出另一隻手或另一隻腳，我一點也不會訝異；我會好好利用它……

世界變成了黑暗vs光明、打開vs關上、安全vs危險的二元世界……我坐在書桌前，努力寫下當時的感受，以便日後回顧。我寫下「克魯麥農人」（Cro-Magnon）這字，我非常清楚自己很蠢……所幸金考影印店裡只有兩三人，其中一個還是我朋友。她證實我兩眼瞳孔大小不一，有一個不是圓形……

我明白，自己真的無法確定行為舉止是否沒有出差池，是否符合社會常規？我甚至不知道該如何控制自己的音量，是不是說話太大聲？我看起來像個正常人嗎？我知道自己被捲入一個叫做文明的大裝置，有些事我應該要做到，但是我壓根兒不清楚那些事是什麼？

我發現，變成爬蟲類也不賴。我滿足於坐著不動，監看四周的環境。我保持警覺，但不焦慮。每隔一段時間，我會「核實現狀」（reality check），確保自己沒有自慰或勒死別人，因為我模糊地意識到，大家對我的期望，不僅僅只是做隻爬蟲類。

我對霍格希爾有關毒品的新聞報導感興趣，但感興趣的程度只有中等，而且嚴格來說，只限文字敘述。正如之前所言，我自己對毒品的實驗已是過去式，而且一開始就沒有抱太大的野心與壯志。至於致幻劑，我因為太害怕，所以從來沒有嘗試過。唯一一次與類鴉片藥物打交道，是因為看牙的不愉快經驗。我在一九八〇年代初期，曾經種過一些大麻，當時在法律上而言，不算什麼滔天大罪。不過今非昔比，現在種植少量的大麻，可能會讓我失去自由、房子被充公。

我們現在可能沒有那麼頻繁地聽到向毒品宣戰的口號，不像當年雷根總統夫人南西．雷根，以及雷根任命的教育部長威廉．貝內特（William Bennett）口口聲聲把「向毒品說不」的口號掛在嘴上。不過實際上反毒戰爭的力道有增無減，如果要舉例的話，柯林頓政府的反毒戰比前幾任總統更雷厲風行，去年斥資一百五十億美元加強執法，金額寫下歷史新高。此外，毒梟（kingpins）會面臨聯邦死刑的重罰。根據定義，只要大規模栽種大麻，也算毒梟。每年秋天，裝了紅外線感應器的警察直升機會在我住的新英格蘭地區巡邏，在農田上空的固定飛行路徑上進行追蹤。就在幾天前，他們在離我家不遠的玉米田裡發現三十株大麻，直線距離計算，離我家花園不到一百碼。或許這些警用直升機在巡邏途中也俯瞰了我的花園，誰知道呢。最高法院最近裁示，這類上空巡邏並不構成非法搜索民宅，這是最近一系列加強政府打擊毒品力道的裁決之一。

警用直升機在住家上空巡邏，以及其他類似的措施，對我而言，當然是非常有效的嚇阻手段。總而言之，過去幾年，我有數次接觸大麻的機會，但我最大的問題是，根本抽不出時間抽大麻。不管大麻是什麼，娛樂性吸毒（用藥）是一種休閒活動，而休閒活動在我這階段的人生裡，是極大的奢侈品。我從閱讀霍格希爾的毒品歷險中，很大一部分樂趣是得以重溫過往那段悠閒的日子，當時我可以撥出幾個小時（甚至一整天），看看只剩爬蟲類大腦是什麼感覺。

而今我的閒暇時間幾乎都給了園藝，近年來，蒔花養卉的熱情已升級到專業級興趣——除了其他頭銜，我現在成了園藝作家。我提這一點是為了解釋我為何對霍格希爾的後續計畫產生濃厚興趣。他寫了有關園藝的論文《大眾的鴉片》，在一九九四年由華盛頓湯森港（Port Townsend）一家名為「織布工」（Loompanics Unlimited）的公司出版。該論文的前提令人訝異：任何人都能廉價、安全，乃至合法地（或是至少不被當局的掃毒雷達發現）取得類鴉片藥物。亦即霍格希爾稱，當局在打擊毒品的過程中，會忽略一些相當重要的東西（如果他的話能被大家所信）。根據霍格希爾這本論文，用合法種子種出鴉片是可能的（他提供了詳細的栽種步驟），或者更容易的方式是，直接從罌粟蒴果提煉鴉片。乾燥的罌粟蒴果正好是花店與手工藝品店裡受歡迎的乾燥花類型。不管是自種還是購買，新鮮還是乾燥，這些蒴果含有大量的嗎啡、可待因（codeine）、蒂巴因（thebaine），他們都是鴉片裡主要的生物鹼。

霍格希爾的說法與我聽到的鴉片百科背道而馳，就我所知，「正統」（right）的鴉片僅生長在遙遠的國度，例如東南亞的金三角地區。採收鴉片需要大量的農工，還得配備特殊的刀片，而提煉鴉片是辛苦又複雜的過程。霍格希爾把這過程說得輕而易舉，彷彿小菜一碟。

除了園藝方面的建議，《大眾的鴉片》還提供製作「罌粟茶」的簡單配方（罌粟籽來自於自種或是向商家購買）。霍格希爾指出，一杯罌粟茶（這顯然是許多文化使用的傳統居家療法），可以有效地舒緩疼痛與焦慮，並「讓人產生幸福感與放鬆的心情」。更大劑量的罌粟茶會產生欣快感和「清醒的睡眠狀態」（waking sleep），這狀態會做非常多栩栩如生的夢。霍格希爾警告，罌粟茶和所有類鴉片藥物一樣，若一連喝太多天，容易上癮；否則，該茶唯一明顯的副作用是便祕。

至於合法性，霍格希爾含糊其詞，這多少鼓勵了大家：「鴉片，是罌粟蒴果的汁液，被當局管制的物質，但是目前還不清楚這種植物本身有多麼不合法。」我想在種植罌粟花（這在園藝界很常見）與持有鴉片的重罪之間，大家可以安全地走在這條線上：如果鴉片是未成熟蒴果流出的汁液，那麼根據「定義」，用乾掉的蒴果泡茶，並不牽涉到任何鴉片。霍格希爾沒有寫得那麼詳盡，但他確實寫到「目前還不清楚，你若用商店合法買來的罌粟泡茶是否違法。」很快大家就會發現，霍格希爾不再對這兩點不清不楚。

去年冬天，我把霍格希爾這本精彩的平裝書和另外三本書一起放在床邊的矮几上，分別是潘內洛普．霍布豪斯（Penelope Hobhouse）的《論園藝》、葛楚德．傑克爾（Gertrude Jekyll）的《園藝聖經》（*Gardener's Testament*），以及路易絲．畢比．懷爾德（Louise Beebe Wilder）的《我家繽紛的花園》（*Color in My Garden*）。冬天是園丁閱讀和做夢的季節，為來年春天的花圃預作規劃。我對罌粟花這個古蘇美人稱之為「快樂之花」了解愈多，就愈有興趣在花園裡種植，無論出於美學還是藥理學，都讓我躍躍欲試。讀了霍格希爾的書籍之後，又參考其他主流園藝作家的書籍，其中許多人都以誇張手法描述罌粟花——盛讚其短暫的外在美（開花之後，往往只能維持一兩天），以及黑暗的內在神祕感。

有位具代表性的園藝作家說：「數百年來，罌粟花對園丁和藝術家都有一種魔力。」不可避免地，這句話很快就被「罌粟花隱含的黑暗特質」所取代。不過我閱讀的書籍與資料裡，完全找不到有誰明確地指出，種植鴉片罌粟花會讓園丁站在法律的對立面。一位研究一年生植物的權威人士語帶模糊地說：「鴉片罌粟花種在花園裡，這是『**Honi soit qui mal y pense**』的一個例子（覺得有問題的人，真是可恥啊）。」整體而言，園藝作家傾向於忽視或粉飾種植罌粟花的法律問題，而把重點放在罌粟花美麗的外觀上，大家一致同意它很精緻。

那年冬天閱讀有關罌粟花的資料時，我心想有無可能把罌粟花美麗的外觀，以及有關它麻醉特性的知識拆開來，一分為二，美麗歸美麗，知識歸知識。在我看來，就連園藝女作家（想必她們永遠不會考慮親自試吸幾口鴉片吧），也潛意識地受到影響，感受到鴉片足以改變情緒的魔力。路易絲・畢比・懷爾德告訴我們，罌粟花讓她「心因鴉片放飛的魔力而震顫」。只消凝視它，就感覺置身夢境，這可從許多美國印象派畫家以罌粟花為主角的畫作中得到印證，或者從桃樂絲（Dorothy）與同伴的經歷中得到印證，這群人穿越奧茲國（Oz）時，躺在一片罌粟花田裡昏睡，以致旅程被打斷。但願社會能不帶任何有色眼鏡凝視罌粟花，但我們的文化似乎早已把這東西束之高閣，不知放在哪兒。

現在我也陷入罌粟花的魔咒之中。我挖出大學時所讀的德・昆西（De Quincey）名作《一個英國鴉片癮君子的自白》（*Confessions of an English Opium-Eater*）；重讀了詩人柯立芝（Samuel Taylor Coleridge）描述吸食鴉片後的夢境（「……何等神聖的休息，多麼令人陶醉的地方，在一片荒沙的中心，有噴泉、鮮花、綠樹如茵。」）我讀了關於鴉片戰爭的記載，英國掀戰的目的不過是希望中國開放港口，讓自印度出發的鴉片船停靠，當時印度的殖民經濟仰賴鴉片出口。我還讀到有關十九世紀的醫療描述，在醫療的武器庫裡，鴉片（通常製成酊劑（tincture），所以又名鴉片酊（laudanum））很容易成為最重要的武器。部分是因為當時醫療的主要目標與其說是治癒疾病，不如說是減輕疼痛，而且當時（以及現在）沒有比鴉片及其衍生物更有效的止痛藥。但是以鴉片為基礎的製劑也用於治療或預防各種疾病，包括痢疾、瘧疾、肺結核、咳嗽、失眠、焦慮，甚至嬰兒腸絞痛。（由於鴉片非常苦，哺乳的母親會把鴉片塗在乳頭上，誘哄嬰兒吸食。）鴉片被視為「上帝之藥」，鴉片製劑是維多利亞時代民眾家裡的常備藥，一如阿斯匹靈是我們當代人家裡藥櫃裡的必備藥。

世上還有哪種花對歷史和文學的影響，能和罌粟花相提並論呢？特別是在十九世紀一連串的事件中，罌粟花扮演關鍵性角色，不亞於石油在我們當今這個世紀的重要性。在十九世紀，鴉片是國家經濟的基礎，是治療許多疾病的「仙丹」（**staple**），是貿易必不可少的商品，是刺激浪漫主義時期詩歌文體革命的推手，甚至是革命的理由（**casus belli**）。

但是我找到真正吸過鴉片的人之前，不得不向十幾個朋友打探；要拿到可抽的鴉片菸在今天顯然是天方夜譚，無疑是因為走私海洛因比走私鴉片來得更容易，也更有利可圖。〔打擊毒品衍生一個令人意外的後果——提高了所有非法毒品的毒性強度：花園栽種的大麻讓位給強效無籽大麻（**sinsemilla**）；粉狀古柯鹼讓位給快克古柯鹼。〕有位朋友回憶久遠前某個下午吸食鴉片的情形，並露出俏皮的笑容。他只說了「如夢！如夢！」這幾個字，我逼他吐露更多細節時，他引用維多利亞時代詩人羅伯特・布爾沃・李頓（**Robert Bulwer-Lytton**）的話，李頓形容飄飄欲仙的感覺猶如一個人的靈魂被絲綢擦拭。

毫無疑問，這下我非自己下海種植大麻不可，即使只為了滿足多年來的好奇心也好。好啦，我承認，不「只」如此，但也差不多是如此。再強調一次，大家必須了解園丁的心態。我曾經種過珍妮林德瓜（**Jenny Lind melons**，淺綠色果肉的哈密瓜），是一種十九世紀流行的品種，以當時最紅的女高音珍妮・林德命名。我當時只是想試試自己是否種得出來，同時也想了解詩人華特・惠特曼（**Walt Whitman**）或美國總統亞瑟（**Chester Arthur**）對「甜瓜」一詞可能浮現的想法。我種了一棵原生種蘋果樹「可口香」（**Esopus**

Spitzenberg），只因為傑佛遜總統在蒙蒂塞洛（Monticello）的老家種了一棵，他稱可口香是「全世界最好吃的蘋果」。此外，園藝可鍛鍊對歷史的想像力，我現在迫切想用自己的眼睛，近距離盯著罌粟花的黑色花心。

於是我開始研究種子的郵購型錄裡花卉的部分。在二月左右，這些型錄已在我的書桌上堆了一英尺高（約三十公分）。我在愛達荷州寄來的原生種植物型錄《種子百貨》（*Seeds Blum*）裡，發現有賣「麵包籽罌粟」（其種子可用於烘焙）。在英國種子公司湯普森與摩根（Thompson & Morgan）的郵購型錄裡發現幾個重瓣品種（亦即花朵有多個花瓣），被稱為「牡丹罌粟」（Papaver paeoniflorum）。波比（Burpee）種子型錄有賣麵包籽罌粟，名稱叫「花形似牡丹花的罌粟」，亦即開出的花類似「有皺摺的啦啦隊彩球」。《帕克種子》（*Park Seed*）是來自南卡羅萊納州的中大型市場種子型錄（該型錄的封面老愛刊登洗刷乾淨的美國小孩站在花海與廣闊菜園裡），我在該型錄裡面發現一種白色重瓣種的罌粟花，名為「白雲」，後來確認是「牡丹鴉片罌粟」（Papaver somniferum paeoniflorum）。雖然我當時並不知道，但這些罌粟花原來都是鴉片罌粟的亞種。

在《廚師花園》（*Cook's Garden*）型錄裡（我通常從該型錄訂購沙拉生菜與異國蔬菜的種子），我發現牡丹罌粟與紅罌粟，以及鴉片罌粟的兩個有趣亞種，一個是「丹麥旗罌粟」（Single Danish Flag），這種罌粟長得高，非常類似我在印象派畫作裡看到的血紅色罌粟。

另一個品種是「母雞帶小雞」（Hens and Chicks），型錄介紹這個花種時特別帶勁：「大朵的淡紫色花，是蒴果形成前的美妙序曲，蒴果做成乾燥花，插起來非常醒目。蒴果中間有一個大母株（母雞），周圍有十多個小子株（小雞）。」更重要的是，霍格希爾在《大眾的鴉片》中指出，「母雞帶小雞」被證明是特別有用的安排。

這是一直困擾我的問題：型錄中販售的觀賞用罌粟花顯然是為了視覺效果而成為園藝培育的品種，或者以麵包籽罌粟為例，是為了烘焙而培育。看來花卉種子培育業者專注於上述特性而忽略其他特性，所以這些罌粟花品種的嗎啡、可待因含量，也許已降至零。那麼種植哪些品種的罌粟花最有利提煉鴉片呢？

有關這問題，我不好意思請益我在園藝界的朋友，包括朵拉．加利茲基（Dora Galitzki），她是園藝專家，在紐約植物園接聽電話熱線。以及謝波德．歐登（Shepherd Ogden），他是種子型錄《廚師花園》的創辦人，知識淵博、樂於助人。所以我轉而拜託一位認識霍格希爾的朋友，幫我居中牽線。我寫了封電子郵件給霍格希爾，解釋我的訴求，並請他推薦最佳的罌粟品種，同時提供栽種的建議。就像我對待任何一位熱心的花友，我問霍格希爾是否願意分一些種子給我，並告訴他，我在型錄裡找到的品種。我寫道：「我怎能相信這些種子（顯然為了觀賞用途而被培育），會如願開花結蒴果呢？」

結果我發現，這時寫信請益他，實在太不是時候。過了數天，我仍然沒有收到他的回信。直到有天早上，我接到我們那位共同朋友的電話，他說霍格希爾在西雅圖被捕了，因為涉及毒品的重罪而收押在西雅圖的監獄。西雅圖警察局的SWAT似乎在三月六日帶著搜索票，突擊霍格希爾的住所，稱他涉嫌在公寓裡經營「製毒實驗室」，他和妻子海蒂被戴上手銬，警方則在他們家搜索了六個小時，發現一罐處方箋藥錠、幾把槍枝、幾束乾燥的罌粟花（用玻璃紙包著）。這些罌粟花顯然是購自花店，但霍格希爾仍被控「持有鴉片罌粟，並意圖製造和銷售鴉片」。槍枝合乎規定，但起訴書稱其中一把槍是「補強用」（enhancement）。這是反毒戰的另一個產物，一個人被指控涉毒，若涉毒罪「牽涉」到槍枝，即便是合法持有槍枝（或是有向當局登記），這人受到的處罰立刻三級跳。霍格希爾和妻子海蒂以前從未被捕過。霍格希爾以一萬美元交保；海蒂以兩千美元交保。如果霍格希爾被定罪，可能面臨十年徒刑。海蒂罪名較輕，可能被判兩年徒刑。

原諒我突然赤裸裸湧現自私的一面，我現在滿腦子想的是我那封寫給霍格希爾的電郵，可能被儲存在霍格希爾電腦硬碟的某個角落，而該電腦毫無疑問已被警方查扣。或者，這封電郵已被另外一個單位截獲，可能在緝毒局監聽霍格希爾電話或監看他的電郵時被沒收。我簡直不敢相信自己怎能蠢到這種地步！突然間，我感覺到地底下暗流湧動，扯著我不放，自己彷彿被莫名其妙牽連進某件事，雖然我說不清到底是什麼事。然而我堅信自己行得正，絕對與法律站在同一邊的信心開始動搖。緝毒局已有我的名字。

但這想法很瞎吧？很疑神疑鬼吧？畢竟，我什麼也沒做，不是嗎？除了訂購一些花卉種子，寫了一封稍帶暗示性的電郵。至於霍格希爾，住家被警方突襲臨檢，絕對不會只因為一束乾燥罌粟花；這件事完全說不通。我問了我們那位共同朋友，想知道他能否盡快聯繫到霍格希爾，因為我很想採訪他，希望知道他這個案子的更多細節。

「另外，」我補充道，語氣盡可能漫不經心，「你能否問問他，有沒有收到我的電郵？」

我做了鴉片夢

我在兩三週後收到郵購的罌粟花種子。我打算種看看，希望能成功開花、結蒴果，然後再決定是否要繼續下一步。霍格希爾被捕的消息讓我緊張兮兮，加上朋友告訴我，他實際上根本沒收到我的電郵，這下更讓我坐立難安。畢竟根據我的經驗，電子郵件寄送失敗是非常不尋常的現象。但是我仍然沒有充分的理由懷疑種植觀賞用罌粟花是觸法，因此在四月的第一週，一個反常溫暖的午後，我把罌粟花種子撒到土裡（共兩包，每一包都裝了極少量的灰藍色小點），這些種子外觀和凱色麵包（kaiser roll）或是貝果上撒的罌粟籽一模一樣。

（實際上，從超市調味料架上買來的罌粟籽會發芽，而且吃了這些麵包上的罌粟籽後做藥檢，結果會呈陽性。）

我在花園裡闢出一小塊地方，這塊花圃的土壤特別肥沃，而且更重要的是，幾棵老蘋果樹可擋住路人視野。鴉片罌粟是一種耐寒的一年生植物，所以無須等到末霜日（last frost date）才植入土裡；我讀到的資訊指出，實際上在南方，園丁在深秋就播下罌粟籽，然後過冬。播種就是把種子撒在土壤的表面，然後澆水，讓種子隨著水流埋入土裡；由於罌粟花種子非常小，所以無須覆蓋，但是最好把種子和沙混搭，一起撒到土裡，以便盡可能均勻地分散在種植區。

十天不到，土裡就長出一．三公分高的綠色嫩草，葉形細長。不久，長出一叢真正的葉子，葉子飽滿有肉、帶刺，外觀與散葉生菜（loose-leaf lettuce）差不多。顏色偏淡，綠中帶藍，彷彿覆了一層白粉，園藝的專業術語稱為「帶有光澤」。

罌粟花長成一叢一叢厚厚的型態，顯然需要修剪整理一番，問題是要修掉多少？什麼時候修？霍格希爾在書上寫得模糊不清，只建議植株之間間隔六英寸（十五公分）至二英尺（六十一公分）之間。我的園藝書則建議間隔六至八英寸，但是我發現，他們因為認定園丁感興趣的是花，所以做此建議；但我對花的興趣不大，更在意的是大顆、有乳汁的罌粟果（蒴果）。最後我打電話給販售罌粟花種子的公司，小心翼翼地詢問對方，「如果有人想最大程度地提高罌粟果的大小與品質，那麼花圃裡罌粟花之間的最佳間隔距離是多少？」我不認為我的問題會讓對方心生疑竇，他建議植株之間至少間隔八英寸。

我第一次修剪（梳剪）罌粟花大概是五月下旬的時候，有位朋友知道我對栽種罌粟花來了勁，所以寄了一份剪報給我，這插曲讓我暫時打了退堂鼓。剪報出自《紐約郵報》蓋斯特（C.Z. Guest）的園藝專欄，標題是〈向罌粟花說不〉。她寫道：儘管擁有和販售罌粟花種子並不違法，但是「活著的罌粟花（或是乾燥罌粟花以及已死的罌粟花）在法律上屬於和古柯鹼以及海洛因同一等級的毒品。」這訊息實讓人難以相信，而且作者不過是個社會名媛，加上《紐約郵報》這個八卦報的新聞常偏離事實，因此我傾向於不理會。

但我想，我的自信的確受到影響，因為我決定查證蓋斯特的話是真是假。我打電話給當地的州警，我沒有向警方透露我的名字，只說，我是鎮上的園丁，想再次確認我家花園的罌粟花是否合法。

「罌粟花？放心，沒問題。已公告罌粟花是花。」

我告訴他。我家種的罌粟學名是「somniferum」，而鄰居告訴我，這意味我家的品種是鴉片罌粟花。

「它們是什麼顏色？是橘色嗎？」這似乎沒有特別的關聯；就我讀過的資料，鴉片罌粟花可能是白色、紫色、血紅色、薰衣草色、黑色，以及紅橘色。我告訴他，我家的是薰衣草色與紅色。

「那些並不違法。我家花園就有橘色罌粟花，大約兩英尺高，當初買房子時前屋主種的。你必須明白，所有罌粟花或多或少都有鴉片成分，除非你開始製造鴉片，否則不會有問題。」

「如果我割開蒴果的外殼呢？」

「這也不違法，你可以割開其中一個蒴果，看看裡面是什麼模樣，若你這麼做是為了出售或牟利，那就另當別論。」

「如果我種了『很多』罌粟花呢？」

「比如你種了兩英畝的罌粟花，只是為了美化景觀？這沒有問題，除非你開始製造鴉片。」

州警的保證讓我很開心。不過我心裡已埋下懷疑的種子，不管是蓋斯特的專欄，或是半路被劫走的電郵（那封愚蠢、可能陷我入罪的請益信，未被加密地在網路世界穿梭），已讓我對自家的罌粟花感到緊張不安。可以肯定的是，情況並不嚴重，除了五月我經歷了非常痛苦的一晚，那天我做了一個噩夢，夢中，我被家門前警車「砰」地關上車門聲驚醒，隨後聽到腳步聲走近我家前門，我從床上一躍而起，從後門跑向花園，為了銷毀證據，我開始吃罌粟花，夢裡這些花都乾了，實際上乾得像塵。我盡可能把蒴果、花莖、葉子猛塞進嘴裡，嘴巴被塞得滿滿滿，根本難以咀嚼，吞嚥更是難如登天，但我彷彿薛西弗斯，只能徒勞地拚命往嘴裡塞東西。感覺自己只能靠吃才能走出眼前的困境，因此瘋狂地和時間賽跑，不敢鬆口。

夢醒後，第一個衝動是馬上拔光罌粟花；第二個衝動是呵呵笑，原來這是我第一個鴉片夢。

災難的夜晚

四月，霍格希爾與我有了交集，當時我家罌粟花高六英寸，而且生氣勃勃，茂密的鋸齒狀葉片，彷彿在地上鋪了綠色厚毯。我聽說霍格希爾已被保釋，我們共同的朋友想辦法讓我們兩人互相聯繫；我希望和他談談他的官司，考慮把它寫成一篇報導，但我還是希望他能給些園藝小訣竅。我不能打電話給他，因為他已經被趕出公寓。似乎華盛頓州和其他多個州一樣，立法規定，背負毒品罪指控的房客可被房東立刻掃地出門；霍格希爾被捕之後，警長辦公室派人拜訪了霍格希爾的房東，讓她知道她有這些「權利」，並力勸她立刻寄存證信函給霍格希爾，要他們立刻搬出去。我覺得這聽起來像是侵犯了霍格希爾正當法律程序的基本公民權，畢竟他並沒有被判有罪。這是我初次體驗到民權律師所講的「權利法案不適用毒品犯罪」是什麼意思。過去幾年來，涉及毒品的訴訟中，最高法院一再支持政府修訂的法律、處罰，以及警方執法方式，因而限縮了正當法律程序的適用範圍，也讓禁止非法搜查、一罪不二罰、誘捕等行之多年的保護措施大打折扣。

霍格希爾開始不分白天晚上，只要有空就打電話給我。他的語氣彷彿已經走投無路、一籌莫展；焦躁、對人充滿疑心；有關罌粟花命名法的討論漸漸變調，抨擊警方抓了他家寵物鳥後如何惡整牠們。他電話裡的聲音，截然不同於他在《藥錠向前衝》裡給人彬彬有禮、幽默風趣的印象。霍格希爾不只被捕，還破產、無家可歸，只能到處借住，今天住這個朋友家，明天改住另一個朋友家。他的官司也充滿未知數，畢竟之前從來沒有人因持有花店買來的乾燥罌粟花而被起訴。他跟我說的話，很多聽起來不太正常，我覺得他疑神疑鬼，有被害妄想症。例如他做了一個惡夢，夢見一位報復心重的房客寄了「檢舉信」給警方；以及警方持搜索狀，指控他用偽麻黃鹼（Sudafed）製毒；還有一個警官拿著霍格希爾的作品，在他面前揮啊揮，問他：「這些都是你寫的東西，你難道沒料到後果嗎？」電話中，聽了霍格希爾精彩的描述，我不禁打上問號，不過他告訴我的每件事情，後來都在法庭紀錄得到證實。

根據檢方提交的訴訟文件，確實是線民的一封檢舉信導致警方在三月六日臨檢霍格希爾的租處；署名鮑伯·布雷克（Bob Black）的男子寄給西雅圖警方這封檢舉信，該信連同霍格希爾發表的文章，成了警方申請搜索狀的「合理根據」（probable cause）。布雷克是借住在霍格希爾家的房客，是霍格希爾離奇故事裡的壞蛋。他也是「織布工」出版公司的簽約作者〔著有《沒有人應該工作》（*The Abolition of Work and Other Essays*）〕，自稱是無政府主義者，二月十日他抵達霍格希爾租處過夜，這是霍格希爾夫婦第一次與他見面。事前，織布工的老闆麥克・霍伊（Mike Hoy）曾詢問霍格希爾夫婦能否賣他一個人情，讓布雷克在西雅圖出差期間，借住他們公寓。

那晚簡直是災難。有關具體細節，以及導致情況一發不可收拾的化學催化劑，各造說法不一。不過彼此對宗教的舌戰（霍格希爾是穆斯林），不知為何惡化成肢體衝突，布雷克掐住海蒂的喉嚨，霍格希爾也拿出上了膛的M一一步槍，威脅布雷克。十天後，布雷克寫了舉報信給西雅圖警局的緝毒組，「向你們舉報一個製毒實驗室……位於吉姆・霍格希爾與海蒂・霍格希爾的公寓。」這封告發信威力之大，堪比法國大革命長褲漢（Sanschlotte）的角色，值得被詳細引述：

霍格希爾夫婦對鴉片上癮，他們喝鴉片茶以及吸食鴉片煙。在二月十日到十一日的幾個小時裡，我看到吉姆・霍格希爾喝了幾夸脫的鴉片茶，他老婆喝得比他少一些。他也多次服用右旋安非他命（Dexedrine）與利他能（Ritalin）。他們家有個真空幫浦以及其他製毒設備。霍格希爾告訴我，他正在研發如何用偽麻黃鹼提煉海洛因。

霍格希爾是《大眾的鴉片》一書的作者，解釋如何種植鴉片，如何從新鮮的罌粟果實提煉鴉片，或是如何從工藝用品店取得的罌粟籽生產鴉片。他鴉片消耗量極大，因此他一定也在其他地方栽種鴉片。我附上他這本書的部分內容。他也以化名出版《藥錠向前衝》雜誌，宣傳如何靠不當手段取得管制藥物，以及推廣娛樂性用藥。

若你拜訪過霍格希爾的住處，你應該知道有一支M——一步槍斜靠在電腦旁的牆上。

因為這封信言之鑿鑿，警方取得法官簽發的搜索票，前往霍格希爾的公寓搜索。

當時是晚上六點四十五分，霍格希爾正在客廳看書，然後聽到敲門聲；才打開門，人就被按壓在牆上，當時海蒂在雜貨店購物，回到家時，發現丈夫被銬上手銬，一身黑色制服的特警隊正在家裡翻箱倒櫃。特警隊人數眾多，據霍格希爾估計，大約有二十人之多，但因為公寓小（僅一房），因此一次只能擠進幾名警官，剩下的在外面走廊站了一排。

「你出版這個？」霍格希爾表示有個警官質問他，並當著他的面揮著一本《藥錠向前衝》。「你的罌粟田在哪裡？」霍格希爾指出，現在是冬天，並反問對方：「商店裡買得到罌粟花，我幹麼自己種？」

「你說謊。」

這支特警隊的專長是突擊並破獲製毒實驗室，所以他們可能覺得能在霍格希爾的公寓裡找到想要的東西，結果沒找到製毒實驗室，不得不退而求其次，將就於乾燥的罌粟花：一個密封的紙箱裡，裝了十束用玻璃紙包裹的罌粟花。警方不相信，這些是霍格希爾從店裡買來的。警方也發現布雷克提及的真空幫浦（雖然警方懶得查扣它），也找到一罐藥丸、兩把步槍與三支手槍（都是合法的）、霍格希爾在槍展上購買的鋁熱照明彈、一盒試管，以及幾本《大眾的鴉片》。

霍格希爾夫婦在拘留所煎熬了三天，才得知他們面臨什麼指控。海蒂被控持有第二級列管毒品：罌粟花。霍格希爾被控「持有罌粟花，並意圖製造或分銷罌粟花」，這個罪名加上增強槍枝火力（firearms enhancement），可被判處十年徒刑。

四月，法院第一次開庭，霍格希爾也算幸運，主審法官對他面臨的指控持懷疑態度。庭訊出現一些滑稽插曲。為了證實霍格希爾意圖販毒，檢方引述霍格希爾的書名以資佐證（檢方顯然不懂得如何引用參考文獻），稱：「該書不叫《我的鴉片》，不叫《給我朋友的鴉片》，也不叫《給我認識的人的鴉片》，而是叫《大眾的鴉片》。這顯示，它是很多人的鴉片。」

該法官（顯然對園藝略知一二），發現起訴書的語言用字特別有問題，讓人心升疑竇：州政府對霍格希爾的指控不是製造鴉片，而是製造鴉片罌粟花。法官問道：「你要如何製造鴉片罌粟花？」接著自問自答：「只能透過繁殖，這是唯一方式。」所謂「繁殖」，法官的意思是種植與生長。但是誠如他所指，州政府並沒有提供任何證據，證明霍格希爾繁殖了鴉片罌粟花。法官說：「如果你抓到他種了一田的罌粟花，我想你可以說他繁殖了鴉片罌粟花，尤其若能進一步發現他切開蒴果，提煉其中的化學成分。」但是沒有證據顯示霍格希爾真的種了罌粟花，因此法官推斷，製毒的指控並無根據。

檢察官也引用警方臨檢時查獲的照片力挽狂瀾，這些快照顯示霍格希爾出現在一個未知的花園裡，花園裡種了罌粟，罌粟蒴果的外殼被割開。檢察官還指出：「霍格希爾的公寓外有罌粟花。」〔這說法可能不假，根據霍格希爾的說法，他的女房東在她的花園裡種了罌粟花，儘管是三月初（警方臨檢的時候），但是這時間罌粟要開花還太早。〕

法官並沒有被檢察官說服：「你能告訴我，這些花是相關的屬和種嗎？我母親家的外面也種了罌粟花。」檢察官在這一點上，證據無法讓法官滿意，所以法官批准了被告律師的動議，駁回對霍格希爾的唯一指控。

大家可能覺得，官司到此應該告一段落，霍格希爾的苦難也可劃上句點，但是華盛頓州政府顯然不想就這麼放過他，因為在六月，檢方放棄對海蒂的所有指控，交換條件是，擬一份聲明，證實警方臨檢時查獲的所有東西都屬於她丈夫。有了這聲明之後，檢察官重新對霍格希爾提出告訴，這次直接改成持有鴉片罌粟，並在修改後的起訴書中新增一條重罪罪名：擁有「爆炸裝置」，指的是，臨檢時查獲的鋁熱照明彈。新指控的庭審安排在六月二十八日，霍格希爾未出庭，法官簽發逮捕令，強制拘提他到庭。

園丁無罪

我閱讀霍格希爾官司的法庭文件，愈讀愈感到驚慌，因為在西雅圖法庭裡你來我往的舌辯中，似乎未針對霍格希爾被控的理由與事實（亦即栽種或持有鴉片罌粟花有罪）提出任何挑戰。我打電話給霍格希爾的律師，他也證實這一點，並指點我讀一讀一九七〇年生效的《聯邦管制物質法》（CSA）。

法規的語言清楚地讓人不安。不僅鴉片，「鴉片罌粟花與罌粟莖桿」也都被定義為第二級管制物質，與五氯苯酚（PCP）以及古柯鹼並列。違禁罌粟花的定義是「學名**Papaver somniferum L.**的品種，但該花的種子除外」。罌粟莖桿（**poppy straw**）的定義是「鴉片罌粟花收割之後，去掉罌粟籽剩下的所有部位」。換言之，就是乾燥的罌粟花。

該法第八四一條規定：「任何人在知情或蓄意的情況下……製造、分銷、供應鴉片罌粟，或是持有並意圖製造、分銷、供應鴉片罌粟」都是非法的。「製造」的定義包括繁殖

（如栽種）。該法規的文字描述，有三個地方引起我的注意。首先，法規不遺餘力地強調，罌粟「籽」是合法的，想必是因為罌粟籽用於烹飪的合法用途。然而一如先有雞還是先有蛋這爭論不休的悖論，所以究竟是非法罌粟花長出合法的罌粟籽，還是合法罌粟籽長出非法的罌粟花。

有關法規的文字描述，讓我印象深刻的第二點是，為了讓種植罌粟花成為犯罪行為，前提是必須「知情或蓄意」。市面上販售的罌粟花有不同的植物學名，但是只有「Papaver somniferum」這個學名的罌粟花被法規具體提到，因此園丁絕對有可能在不知情的情況下種植鴉片罌粟花。影響所及，不知情似乎成了「園丁無罪」的辯詞。

這點對我沒有任何好處，因為我種的罌粟花，至少有一些在標籤上清楚寫著Papaver somniferum。何況我也在這幾頁裡坦承（可能犯蠢吧），我清楚自己種的品種是鴉片罌粟花。讓我注意到的第三件事最讓我震驚：蓄意種植鴉片罌粟將面臨五至二十年徒刑，以及最高一百萬美元罰鍰。

因此蓋斯特所言畢竟是對的，而瑪莎．史都華（Martha Stewart）以及華盛頓州警則錯了。種植鴉片罌粟，無論目的如何，確實是重罪，在法律上，與製造天使塵（angel dust）或快克古柯鹼的重罪程度不分軒輊。我是否割開罌粟花的蒴果取其乳汁，或是以其他方式採收我的罌粟，在法律上一點也不重要。我已經越過了法律界線，其實早在四月那個下午，當我播下種子時，就已踩了紅線，只是自以為安全無虞，不會栽跟頭。（更重要的是，我很容易面臨霍格希爾沒有被檢方起訴的罪名：製毒！）就算沒被告，也恐至少陷入深淵。

或者說我會這樣嗎？因為除了霍格希爾，還有誰曾因持有或製造（栽種）罌粟花而被捕？透過Nexis搜尋引擎搜尋，並未發現其他案例；打電話給律師、檢察官、民權人士、關注反毒戰爭的記者等十多人，向他們諮詢請益，也沒發現任何人因種植罌粟花被捕。其中數人並不知道種植罌粟花會觸法；當被告知時，幾乎所有人都有略顯困惑的反應：「你不覺得政府有更重要的事要做嗎？」我當然希望事情是這樣，但讓人備感威脅的法規白紙黑字寫在這裡。

我也打電話給幾個有經驗的園丁，希望進一步釐清種植罌粟花牽涉的風險。有一個園丁告訴我，一個在愛達荷州度假的緝毒局幹員向該郡的警長舉報，稱看到當地的花園栽種罌粟花；另一個園丁表示，他聽說緝毒局最近下令清除傑佛遜總統在蒙蒂塞洛（Monticello）老家的罌粟花。（兩個故事聽起來彷彿是虛構，但其實都確有其事。）我打電話給廣播電台一個園藝節目的現場叩應，詢問專家我該不該擔心種在自家花園的罌粟花；對方回覆：「我不是律師，但是如果園丁必須割捨這麼讓人驚豔的花，不是很可惜嗎？」

沒有人聽說警方真上門臨檢的例子，而我打電話給園丁，告知他們這個理論上存在的風險時，他們多半顯得很淡定，有些人小心翼翼回應我，彷彿我是多疑的偏執狂所以才這麼擔心。紐約植物園接聽電話熱線的園藝小姐試著安撫我，要我放心（我覺得她把我當傻子有點屈尊俯就的意思）。她說，據她所知，不存在「罌粟花巡邏隊」。精通一年生植物的專家韋恩・溫特羅德（Wayne Winterrowd）曾寫道：「這些人（把種罌粟花的人當成壞人）應感到羞愧。」他把這聯邦罪比喻為擅自撕掉賣場裡枕頭與床墊的標籤，沒有人會因此而被判刑坐牢。他對我的擔憂一笑置之，還熱心地要寄給我他種在佛蒙特花園的黑罌粟花種子，稱這花美得「令人驚嘆」。他還證實（一如稍後一位植物學家所言），麵包籽罌粟花、牡丹罌粟花與巨罌粟（Papaver giganteum）在植物學上與鴉片罌粟沒有兩樣。我種了一些牡丹罌粟，但至今仍然搞不清楚它們是什麼。溫特羅德撕掉床墊標籤的比喻，讓我寬心不少，即便我只希望我家的罌粟花不會被剷掉，至少不要現在吧。畢竟我家的第一株罌粟花即將開花，當時是七月的第一週，我發現一根細長、向下低著頭的花莖末端冒出一個櫻桃大小的花苞，花苞外覆蓋一層柔軟的絨毛。花苞最外層（即花萼）已裂開，可看到花萼裡面一層一層包捲的大紅花瓣，像降落傘被裝填進傘包裡，壓實地不留任何空隙。隔天早上，花莖抽長至四英尺高，花瓣（五片濃郁紅色花瓣夾雜著怪怪的黑）已完全張開，脫去花萼，並轉向直視太陽。一枝獨秀後，隔天又有三朵塗了同樣讓人敬畏大紅妝的精美花朵加入行列，接著是六朵，然後是十幾朵，直到花圃遍地紅花，養眼到讓人頻頻回頭，紅到不切實際。現在我才搞懂英國詩人布朗寧（Robert Browning）說「罌粟花紅得放肆」是什麼意思了——這紅是一種吶喊。幾天後，另一個品種的罌粟開出薰衣草色的花朵，雖然偏冷色調，但是紫得一樣純粹。接近落日時，逆光看著這些花，花瓣就像彩色玻璃一樣會發光。

路易絲・畢比・懷爾德寫道：「可惜的是，罌粟花的絲質花瓣太快脫落，露出戴冠的蒴果。」看到我自己種的罌粟花，我不得不反駁她的觀點，這不僅是因為藥學的理由。罌粟花的蒴果至少和它的花一樣迷人，發胖的藍綠色果莢長在圓形基座上（俗稱葉柄），每一個蒴果頂端冒出上翹的花藥，花藥的排列猶如綻放的煙火輪。一整個七月，罌粟花圃充滿了各種趣味。放眼望去，有低頭打瞌睡的花苞、有色彩絢麗的彩旗、有莊嚴挺立的粟瓶（蒴果），三個不同的風姿同時出現在花圃裡，不過背景倒是一致，映襯蒙上灰塵的綠色枝葉。我無法決定哪個更美，葉子、花苞、花朵，還是蒴果？但我確定，這片罌粟花和我種過的任何一種植物一樣美麗迷人。

其他園丁同好讓我覺得自己真蠢，竟然想剷掉這些花；其實當我讚嘆眼前這片盛放的罌粟花，欣賞這個出乎意料的大自然盛禮時，難以相信它們可能非法。心想，既然同樣是非法，我何不乾脆在昏暗髒亂的家庭製毒工廠欣賞白粉。但我知道，事情就是如此。不過是種下一把普通又完全合法的種子（沒道理指責的普通行為），結果卻可能把一個人送入犯罪的國度。這真是天差地別的形變啊！

然而這的確是一種形變，不僅需要實體種子、水、陽光，關鍵是還需要形而上的成分：清楚自己種的罌粟花，屬名是**Papaver**，種小名是**somniferum**。儘管對法律無知，從來都不是為自己脫罪的辯護，但在種植罌粟花的官司上，對植物學無知，也許可派上用場。的確，我知道自己種的是鴉片罌粟，而且還向全世界公開這個事實。但如果我種的是「麵包籽罌粟」？或是把撒在貝果上的罌粟籽種到土裡呢？如果我以為自己郵購的種子是牡丹罌粟（**Papaver paeoniflorum**）（不知道自己其實買的是鴉片罌粟）會怎樣？當我站在花園裡欣賞盛放的鴉片罌粟花時，我發現，只要我不知情自己種的是鴉片罌粟花，那麼種植鴉片罌粟就和種金雞菊或萬壽菊一樣，都不會有罪。但這條件已救不了我，因為我知道的可多了。親愛的讀者，你們也一樣哦。

正是這樣的認知激勵我做出以下的決定，儘管邏輯稍有瑕疵。我原本不打算割開罌粟花的蒴果，擔心這會讓我越界，一腳跨入犯罪的世界。但現在既然已邁出致命的一步（知情自己種的是鴉片罌粟），乾脆一不做二不休，「全力以赴」吧。我知道，這一點也不理智，因為在我的花園裡，一個割開的蒴果就足以證明我知道自己種的是哪個品種的罌粟花，繼而讓自己成了罪犯。但是在那年夏天某日的午後，我獨自站在千嬌百媚的罌粟花旁，心想畢竟這是「自己」的花園，這邏輯似乎特別地有說服力。所以我在一小片罌粟花叢中，尋找最肥大、最飽滿的蒴果，然後把它彎向我，用拇指與食指夾住那個溫暖、和李子差不多大的種莢，然後用姆指指甲在它的外皮上劃破一個口子，片刻之後，表面出現一小滴乳白色汁液；

汁液持續流出約一兩分鐘，因為與空氣接觸氧化，而明顯變黑，乳汁流速變慢並開始凝結。我用食指輕觸鴉片，然後用舌頭舔了舔。

味道是難以形容的苦，這苦味在我的口腔中徘徊了一整個下午。

大眾的鴉片

七月中旬，我終於見到吉姆．霍格希爾，距離他上次未出庭應訊已經有兩週。他搬到曼哈頓，這裡是保持匿名的好地方，而他還在思索下一步的行動。

在某個大熱天的早上，兩人約在西二十三街見面喝咖啡；之後我們打算去一個專賣花卉的一個區，購買乾燥罌粟花，並查證霍格希爾聽說當局要查緝進口乾燥罌粟花的傳聞是真是假。霍格希爾全身白色裝束，三十八歲的他，身形瘦長，把金色長髮紮成整齊的馬尾。他長的英俊，但面容憔悴；精緻的五官稜角分明，深邃的雙眼呈現醒目的灰色，眼周有一圈陰影。談話時，我發現他時而寬宏大量，時而謹慎，儘管有幾次要求我，這些談話只是私下閒聊，不可公開。對於一個無家可歸，距離入獄只一站之隔的人而言，霍格希爾似乎出奇地鎮定——至少比我在這種情況下要鎮定的多。

霍格希爾對罌粟花充滿熱情，因此兩人對這共同的興趣聊了一會兒，從栽種罌粟花的園藝學到犯罪與否的法學，跳到罌粟花的命名乃至化學成分。我從中學習到，鴉片罌粟可提煉約三十八種生物鹼，學到從蒂巴因（thebaine）到嗎啡的「生物遺傳途徑」（這點我被他搞糊塗了），以及從大紅罌粟（Papaver bracteatum）提煉合成的賓利化合物（Bentley compounds）具有「驚人的潛力」。他告訴我，他第一次從園丁朋友那兒聽說有罌粟花茶這飲料，這位朋友的俄羅斯祖母把罌粟花茶當成家庭偏方。霍格希爾開始對罌粟花進行實驗，並發現罌粟唾手可得，「實際上就種在我公寓的門外」。

「頭幾次，我弄錯做法，我沒有磨碎罌粟蒴果，而且我不分青紅皂白把葉子、莖、蒴果全用上。我還把自己和老婆當白老鼠，試抽罌粟花的不同部位。我用實證方式證明，蒴果無疑是罌粟最厲害的部位。」我發現，霍格希爾把自己視為西方醫學勇於自我實驗這一偉大傳統的繼承人。最後，他總算學會了如何用乾罌粟沖泡濃茶，用咖啡研磨機磨碎一把的罌粟蒴果，然後將粉末浸泡在熱水中。我請他描述喝了一杯罌粟茶後的效果。

「這茶不會讓你立刻飄飄欲仙，不像吸食鴉片。實際上，很多人會告訴你，他們忘了自己變得很嗨。一開始感覺胃部發癢，然後上升到肩膀和頭部。這種感覺就是……『愉悅』。你對事情感到樂觀；精力充沛但同時也放鬆。你可保持正常運作：你不會說愚蠢的話，你記得發生的一切。你不會猛點頭打瞌睡，儘管你很想閉上眼睛。你的任何苦與痛都會消失；罌粟茶也會緩解外因性憂鬱症。這也是何以中東葬禮上會提供罌粟茶，有助擺脫悲傷情緒。」

很難相信市面販售的花茶有如此功效，有時霍格希爾書裡的一些說法，讓我想起早期所謂「家用致幻妙丹」（household highs），例如吸食香蕉皮〔愛爾蘭歌手唐納文（Donovan）一九六七年的著名歌曲：They Call Me Mellow Yellow〕、吃牽牛花種子（據說是一種致幻劑）、喝可口可樂和阿斯匹靈調製的雞尾酒等等。他們會不會只是一種安慰劑效應（心理作用）？霍格希爾給我看一篇登於《麻醉品公報》（*Bulletin on Narcotics*）的科學性文章，明確指出，市售的乾燥罌粟花的確含有鴉片，而且劑量不小。他還指出，喝罌粟茶可能會上癮。他在書裡寫道：「鴉片戒斷很痛苦，但是痛苦終會結束，通常三至五天內……那些日子對於戒癮者而言，的確難熬，但是不會比煩人的重感冒來得嚴重。」這話聽起來當然不像讓人寬心的安慰劑。

如果霍格希爾是對的，那麼鴉片在美國等於隱藏在眾目睽睽之下（亦即大家心知肚明，卻保持沉默），這點當然可以解釋何以政府對《大眾的鴉片》以及其作者感興趣。霍格希爾以及《大眾的鴉片》這本小眾書卻戳破了自一九四二年以來，對政府有利的一系列神話。在一九四二年，國會決定，控制鴉片劑的最佳方式是禁止國內栽種鴉片罌粟花，並強迫製藥公司自少數幾個指定的亞洲國家進口生鴉片（然後用其生產嗎啡和其他鴉片劑）。自此，大家認為，這項立法實際上是一種植物學上的限制措施，因為鴉片只能種在這些指定的亞洲國家。霍格希爾揭露的另一個神話是，若想從鴉片罌粟提煉鴉片劑，唯一方式是到罌粟田現場割開罌粟花蒴果的外皮，我從執法人員以及園丁那兒反覆聽到，這是複雜而耗時的工程，因此在美國國內生產鴉片並不可行。

這些不死的神話一傳再傳，抹殺了有關鴉片的知識，而這些知識在一個世紀前還很普及，因為當時鴉片仍是流行的非處方藥，鴉片罌粟則是重要的國內作物。直到一九一五年，美國農業部的宣傳冊子仍然提到鴉片罌粟是北方農民的重要經濟作物。幾十年前，夏克教派（Shakers）信徒在紐約州北部商業化種植鴉片罌粟。進入二十世紀後，美國的俄羅斯、希臘、阿拉伯裔等移民，都會沖泡鴉片罌粟蒴果茶，作為溫和的鎮靜劑，也是治療頭痛、肌肉痠痛、咳嗽、腹瀉的偏方。在南北戰爭期間，南方的園丁受到鼓勵，種植鴉片罌粟，確保南方軍隊的止痛藥不會斷炊。這些鴉片罌粟花的後代至今仍在南方的花園裡繁衍茁壯，但大家對它們的出處與功效，一無所知。

霍格希爾的初衷是挖掘這些民間知識，然後公諸於世，並附上食譜與做法，讓讀者自己DIY。據我所知，他在《大眾的鴉片》一書中，並沒有深入觸及毒品文化，該書賣出約八千至一萬本，我並未發現任何證據，顯示毒品圈普遍存在沖泡鴉片茶的現象。但我很好奇，想知道他的鴉片知識在執法圈傳播了多遠。當我和他沿著曼哈頓第六大道步行幾個街區前往花店街時，他告訴我，自從《大眾的鴉片》一九九四年出版後，乾燥罌粟花的價格翻倍，以及緝毒局對國內罌粟花買賣「悄悄」展開調查。緝毒局幹員造訪乾燥花商家，也前往位於康乃狄克州西港市（Westport）的「美國乾燥花與永生花協會」（American Association for the Dried and Preserved Floral Industry）。我覺得，他所說的一切聽起來要嘛是吹牛，要嘛是偏執狂作祟，直到我們走到了花店街。

曼哈頓的花店街並不長，位於第六大道與第七大道之間的一兩個街區，大約有數十家販售乾燥花與新鮮切花的批發商，商家把人行道當成展示廳，花卉爭奇鬥艷，美不勝收。行人走到第二十七街時，曼哈頓原本特別單調沒有特色的一段路瞬間迸出綠意和繁花。店門前擺著一桶桶的乾燥蓮蓬、繡球花，吊籃裡的梔子花為空氣灑了香水，一簇簇的盆栽榕樹將骯髒的人行道短暫變身，升級為花園小徑。到了第二十八街，我們停在一家狹窄、雜亂的乾燥花專賣店。霍格希爾用眼睛掃了一圈牆面上一格格的櫃子，裡面塞滿了沒有標籤的一束束乾燥花——蓍草、蓮蓬、繡球花、牡丹、十多種顏色的玫瑰，直到他發現鴉片罌粟：分四個等級，蒴果的大小不一，小自彈珠大至網球，大部分是十個一組，包裝在玻璃紙裡。最小的蒴果還帶著綠色，莖上交纏著幾片脆葉。較大的蒴果是淡土黃色，極具雕塑感，讓我想起二十世紀初德國攝影大師卡爾・布勞斯菲爾德（Karl Blossfeldt）以植物為拍攝對象的作品，作品裡的莖、花苞、花朵看起來彷彿是鐵鑄的。霍格希爾詢問收銀員，最近進貨罌粟花時是否碰到什麼問題。對方聳了聳肩。

「沒有問題。你要幾束？」我拿了一束，花了十美元。買完之後，覺得心裡有鬼而有些緊張，店員給的塑膠袋太短，所以我走出店家前，把這束長莖蘋果倒過來，頭朝下放進塑膠袋裡。

在對街的比爾鮮花店，我們聽到了非常不一樣的故事。比爾告訴我們，他再也買不到鴉片罌粟。據他的供應商透露，緝毒局（或是美國農業部，他也不確定）在幾個月前已經下令禁止進口，「因為小孩會吸食罌粟種子或其他部位」。該供應商也告訴他，可以繼續賣掉剩下的庫存，但接下來就沒貨可進了。比爾的故事是我得到的第一個暗號，顯示聯邦當局已出手，對鴉片罌粟花貿易採取了一些措施（一如霍格希爾所言），儘管我又花了幾個星期才弄清楚到底措施是什麼。

還沒到中午，霍格希爾邀請我上樓到他下榻處；因為是夏天，天氣愈來愈熱，他想要換件襯衫。他被趕出租處後，多半借住在不同的朋友家，明天他預計移居到另外一個友人家。我稍早問過他，為什麼不留在西雅圖，正面迎戰指控。

「如果我認為他們會和我公平交手，我會立馬回去——如果我確定他們不會在我出庭受審時，製造莫須有的證據，或是把我還押回監獄。但是實際上，我的第一項指控被撤銷後，他們並未罷手，顯見他們心有不甘、報復心重。」（到了隔年二月左右，霍格希爾改變主意，稱他已聘請另外一個律師，打算返回西雅圖，正面迎戰對他的指控。）

我坐在床上，霍格希爾換了件襯衫。我環視這間又擠又小的房間，看得出他是輕裝出行，只收拾幾件換洗的衣物、筆記型電腦、幾本書、一疊有關鴉片罌粟花的文章，以及一疊有關他官司的法律文件。我想知道潛伏地下做個隱形人是什麼滋味——有家歸不得、身邊沒有自己的東西，甚至不知道下一晚、下一週、下一個月要在哪兒過夜。

緝毒局幹員

儘管不難和霍格希爾東躲西藏的地下生活保持涇渭分明的距離，但是我搭通勤火車返家時，不禁想著，霍格希爾和我之間到底距離多遠？其實，這距離比表面上看起來還短，而且短到完全無法讓人安心的地步。畢竟我的花園種著鴉片罌粟，而且我正在寫一篇文章，不僅要坦承我清楚自己種的是鴉片罌粟，還要重述讓霍格希爾陷入這一切困境的鴉片罌粟花資訊。緝毒局警察把霍格希爾押入牢裡時，曾問他，「根據你發表的內容，你難道沒料到這下場？」所以到底是什麼讓我和他有所不同？首先，我的生活不像霍格希爾那樣接近社會邊緣；其次，我投稿的對象是全國性雜誌而非小眾的非主流媒體。再者，我沒有和鮑伯．布雷克這樣的人物交往。

在接下來幾週，我把這些區別視為救命浮板，緊抓不放，並竭盡全力了解緝毒局對於鴉片罌粟的立場到底有多強硬。是否如霍格希爾所言，政府已對國內鴉片罌粟種植情況展開調查以及整肅。對於這一點心存好奇，不僅是新聞記者魂作祟，也因為基於為自己謀利，加上有感於此事的迫切性。藉由揭露緝毒局到底想幹什麼，我希望了解啃噬我的偏執狂幻想是否有任何現實依據，我需要知道是否該盡快剷掉花園裡的罌粟花，是否能安全無虞地讓它們開花結果，是否可自我實驗，試著泡壺罌粟茶。

我開始驗證霍格希爾透露的線索。在「美國乾燥花與永生花協會」，貝絲・薛曼（Beth Sherman）證實，緝毒局幹員賴瑞・斯耐德（Larry Snyder）的確在一九九五年造訪該組織。她告訴我：「幹員要求我們在協會的訊刊上刊登一篇文章，建議大家不要賣這種罌粟花。」該幹員向他們解釋，鴉片罌粟花一直是非法的，「在此之前，他們並未強制取締。現在他們試圖撥亂反正，糾正已經失控的現象，但是會低調地進行。」該協會同意刊登緝毒局提供的文章，通知會員，擁有或銷售鴉片罌粟花是非法的。

霍格希爾曾告訴我，位於西雅圖的花店「自然藝術公司」也曾被緝毒局關切過。我聯繫花店的老闆唐・傑克森（Don Jackson）了解詳情。傑克森從事乾燥花生意已四十五年，表示在一九九三年三月，當地緝毒局幹員喬爾・王（Joel Wong）曾到他店裡視察，該幹員告訴他，他在調查鴉片罌粟花，想知道他的花店賣的是哪種罌粟花，以及罌粟花是從哪裡進的貨。

「他帶走一些罌粟花，對他們進行化驗。數週後，他告訴我，這些罌粟花是與鴉片有關的罌粟花，有人可能因吸食而興奮，但他並沒有說，我得停賣這些罌粟花。」自那之後，傑克森聽到當局要整肅的傳言。他知道國內幾個大型種植場，因為擔心收成被查扣沒收，已停種鴉片罌粟。傑克森擔心鴉片罌粟花自市場銷聲匿跡，他說：「我們沒有任何其他替代品。它的蒴果又大、又圓又漂亮，是插花人士偏好的品種，用它作為插花作品的亮點。」

我試著聯繫喬爾．王，得知他最近已退休。他辦公室另外一位幹員接了我的電話，但交談十五分鐘後，他堅持我不能引用他的姓名或透露他的身分。在這種情況下我想我只能照辦。這位匿名幹員似乎並不清楚他的前任對乾燥罌粟花展開了調查，所以我把話題轉向了種植罌粟花。

「種植罌粟花是非法的，」這名幹員說道：「但是老實說，我不認為這會變成棘手的嚴重問題，因為收成鴉片實在太耗人力。你必須一大清早出門，割開蒴果外皮，等著乳汁滲出，然後一個蒴果一個蒴果地刮下乳汁。你明明可以到第一大道與派克街購買黑焦油海洛因（一種來自墨西哥的廉價海洛因），何須大費周章做這些苦工？所以我說，『他們愛種就讓他們種吧』，這不會演變成不可收拾的大問題。」

兩人的通話還算友好，所以我想應該可以問問這位幹員，如果我認識的園丁在花園裡種了鴉片罌粟花，他會給這位園丁什麼意見？「我會告訴他，這是非法行為，可能有被警方上門臨檢之虞。但是我們有優先順序與輕重緩急，如果他是華盛頓大學植物學家，而且只種植鴉片罌粟，他家可能不會被破門而入；反觀，如果這位教授割了蒴果外皮，他家可能會被警方臨檢。這是依照個別情況處理。」

「但是我也會告訴他，既然有這麼多美麗的植物可以種，為何獨忠這個非法的鴉片罌粟？我的建議是：盆栽或蘭花要種得好，得花費更多心力，有多少人能成功種出蘭花？所以幹麼偏要種鴉片罌粟？」

我告訴他，我是園藝作家，而他似乎很想把話題聚焦在種植蘭花上，這是他的興趣。他提到，他的辦公桌擺了一盆蘭花。但是我不斷提及我那位種植鴉片罌粟的虛構友人，此時他的態度明顯變得不怎麼友善。

「如果這位種植鴉片罌粟的人也發表文章，介紹如何煮泡罌粟茶呢？」

「那麼他家會被警方破門而入，因為他企圖推廣一些非法的東西。」

那是一次令人寒顫的對話。我想起霍格希爾說過當局制訂了管制鴉片罌粟花的法律。

「這就像他們把速限二十英里白紙黑字寫在法規裡，但是從未公告該法律，也從未執行，甚至從未提及這回事。所以你根本不可能知道有速限二十英里這條法規。然後他們抓到一個人，對他說，嘿，你的車速已到五十英里，你不知道速限是二十嗎？你觸犯了法律，你得坐牢！但你辯稱，其他人都沒有被攔下來啊。那不要緊，這是法律，而且我們有自由裁量權。你的車身與保險槓貼滿我們不喜歡的政治貼紙，但這與你被攔下，沒有任何關係，也無關言論自由！」不管還有其他什麼理由，毒品管制法是匿名幹員或鮑伯．布雷克手裡的強大武器。由於速限設得如此之低，只需一個憤怒的聯邦幹員或「線民舉報」，就可能讓你被攔下盤查，或是自家被突襲臨檢。

和緝毒局匿名幹員交談後不久，我做了第二個鴉片夢。七月接近尾聲時，我罹患萊姆症（Lyme disease），一到晚上，情況已夠悽慘嚇人，一下子發燒、一下子冷到骨裡，忽冷忽熱彷彿在搭雲霄飛車。在夢中，我醒來時發現臥室窗戶外一堆人的臉緊貼在玻璃上，其五片玻璃上各有一個白色圓頭。有點像精靈，又有點像斯拉夫人的模樣。我意識到這是一次突襲臨檢；他們在搜尋鴉片罌粟花。他們在屋裡搜了一整個晚上，破曉時，他們開始到我的菜園進行地毯式搜索，不放過每一寸土壤，甚至在我的甘藍菜葉上採集指紋。奇怪的是，這些折磨我的人不具威脅性。夢中，我已經剷掉了罌粟花，所以沒有什麼可擔心的。即便如此，我還是竭力想同時看著這五個人，確保他們不會「栽贓」，但是不論我朝哪個方向移動，他們當中總有一人會擋住我看其他人的視線。我一會兒走這邊，一會兒到那邊，因為看不到他們在做什麼而備感挫折，挫折感愈積愈大，感覺忍無可忍快爆了。接著突然之間，我發現花園圍籬另一邊，有一朵盛開的薰衣草色罌粟花：一個漏網之魚。他們會注意到它嗎？答案揭曉前，我猛地醒過來，汗水浸濕了床單。

也許萊姆症是我做這惡夢的原因——我那一整週一直做著激烈又鮮明的夢——但這惡夢也可能是因為當天稍早接到霍格希爾的電話，他說考慮來我家，「協助收成鴉片」。相形之下，這惡夢猶如到公園散個步，但霍格希爾到訪才真的是夢魘：我發高燒到華氏一〇三度（攝氏三九．四度），全身關節僵硬，幾乎連頭都轉不動，這時一名被警方通緝、無家可歸的男子提議到我家，幫我收成可能讓我吃牢飯的農作物。

想到這點，心情七上八下。我真的想讓一個多少稱得上被警方窮追不放的人（好啦，就是霍格希爾，你還能猜到誰呢？）參觀我的花園嗎？一旦他打開行李，我有什麼能耐讓這位客人離開？（所謂請神容易送神難，剛好電影《王牌特派員》也在那週上映。）我知道這麼說對霍格希爾非常不公平，他給我的印象是為人正派，但我一直揮之不去他跟我講過的一件事，這事讓我忐忑不安：他被房東趕出公寓後，認真想過要向警方告密，舉報房東種植鴉片罌粟花。我腦海也閃過鮑伯．布雷克這個「來自地獄的恐怖房客」。我絞盡腦汁，希望想出得體、半信半疑的理由讓他自行打退堂鼓，但我的社交禮儀難以企及這最高境界。最後，我只好打可憐牌，稱我現在病得很重，不方便邀人到家裡作客，而且發出任何邀請之前，得先和老婆商量。

我還告訴霍格希爾，我不確定是否會收割罌粟蒴果，這是實情。我尚未摸清緝毒局對罌粟花的企圖與打算，因此對於收成可能帶來的風險也沒有十足的把握。緝毒局似乎在打什麼主意，但究竟是「什麼」呢？我知道我應該主動聯繫緝毒局在華府的總部，但是我清楚緝毒局幹員有多麼不透明（也有些緊張，不敢在罌粟花還種在自家花園之際，提醒他們我的存在以及我的興趣。）我決定最好還是先盡可能地多了解他們整肅國內罌粟的範圍有多大。

我打電話給「廚師花園」的謝波德．歐登，該公司是販售鴉片罌粟花種子的公司之一。他也聽到傳言，稱緝毒局已經寄信給販售花卉種子的公司，要求業者停止販售學名鴉片罌粟的罌粟花，雖然他本人尚未收到這信。歐登重申了我已經知道的事：販賣種子完全合法，除此之外，他不確定合法與非法的界線。他建議我向設在俄亥俄州歐柏林（Oberlin）的「切花種植者協會」（Association of Specialty Cut Flower Growers）求證，結果該協會主席——北加州花卉業者威爾．富爾頓（Will Fulton）才剛為該協會最新一期訊刊寫了一篇專欄稿，提醒會員注意緝毒局的這封信，稱「協會裡口碑最佳的種子販售公司之一」已經收到該信。這篇專欄引述了緝毒局來函的第一段：

美國司法部轄下緝毒局注意到，美國某些地區種植鴉片罌粟花（學名是*Papaver Somniferum L.*，斜體字是富爾頓加的），目的是用於烹飪與園藝。在美國種植鴉片罌粟花是非法行為，擁有「罌粟桿」（poppy straw）也一樣非法。所謂罌粟桿是罌粟花結了果實被採收後，罌粟籽以外的所有部位。有些販售種子的公司被發現販售鴉片罌粟花的種子，並在零售包的標籤附上栽種說明。在這情況加劇藥物濫用的現象之前，緝毒局要求各位協助，遏制這類活動。

從威爾．富爾頓隨後激昂的發言看來，他堪稱切花界的湯姆．潘恩（Tom Paine，鼓吹美國獨立革命的思想家）。他寫道：「等一下！這裡的犯罪意圖在哪兒？」他請協會的會員想像自己被警方帶到偵訊室，稱：「所以你坦承你種植鴉片罌粟花是出於烹飪或園藝的目的，這犯了什麼罪？」

富爾頓接著問道：「一粒種子，來自大自然的禮物，只為了它美麗的外觀而種到土裡，為什麼這麼做是非法？但是同時，只為了控制地鼠而購買AK—四七步槍卻完全合法？」的確，開國元勛們在憲法裡明定人民有攜帶和擁有武器的權利，但是對於「可種植哪些種子的權利未置一詞……是因為，他們壓根兒沒想過，有哪個國家可能會剝奪這樣的權利。畢竟，他們生活在還用麻紙寫字的年代。」

我聯繫了人在北加州自家花卉農場的富爾頓，他確認緝毒局信件的收件人是湯普森摩根公司（Thompson & Morgan），這是一家孚眾望的英國公司，在新澤西州設有辦事處。該公司的首席園藝專家莉莎・柯朗寧（Lisa Crowing）證實收到緝毒局來函，稱這封信「讓人害怕」、「讓人擔憂」。該信是在六月底用掛號寄出，寄信人是「賴瑞・斯耐德，國際毒品組組長」，也就是造訪美國乾燥花與永生花協會的那位幹員。湯普森摩根公司尚未對緝毒局的要求做出最後決定，但是柯朗寧希望公司能繼續販售鴉片罌粟花，她告訴我，她家的花園也種了鴉片罌粟。柯朗寧曾打電話給斯耐德，希望能找出一個「折衷辦法」，滿足緝毒局要求（例如在型錄上加入警語，或是在包裝上刪掉栽種說明），但是她發現斯耐德完全沒有商量的餘地。她告訴我：「我們不希望冒犯緝毒局，但我們覺得公司完全有權利販售鴉片罌粟花的種子。」

根據斯耐德寄給湯普森摩根公司這封信的全文，大家驚訝地發現，緝毒局確實在逮捕鴉片罌粟花的種植者。該信提到「最近緝毒局查獲大量鴉片罌粟花……其中許多的蒴果已被割開……（這）顯示有業者供應罌粟花種子，包裝上並註明出貨日期，以及貴公司作為供應商的公司名稱與地址。貴公司應該知道，為種植目的提供這些種子，可能會被視為觸法行為。」斯耐德接著以稍稍包裝了糖衣的威脅口氣，呼籲業者「自動停止銷售鴉片罌粟花」。

到了十月左右，盤根錯節的園藝圈到處都是關於罌粟花的話題，在我聽來，就像聽到要開戰的風聲。從謝波德・歐登「廚師花園」公司的貝絲・班傑明（Beth Benjamin）那兒，我聽到警方查扣一個公共花園栽種的鴉片罌粟，該花園由「廚師花園」公司贊助，成立在加州聖塔克魯茲（Santa Cruz），以便照顧無家可歸的遊民。此外，從威爾．富爾頓那兒，聽說北加州一個罌粟花種植者的作物被緝毒局毀了，並埋入土裡。我還從「美國種子貿易商協會」（American Seed Trade Association）那兒聽說，緝毒局一位叫賴瑞．斯耐德的幹員，正式要求該協會呼籲會員自發性停止販售罌粟花種子；該協會遵從了這要求，一名工作人員告訴我，「這是公民責任」。北卡羅萊納州的乾燥花進口商凱特．斯盧德（Katie Sluder）則說，她從荷蘭訂購一貨櫃鴉片罌粟花，被美國海關拒於門外，不准卸貨上岸。

整肅鴉片罌粟花的行動已經上路，但奇怪的是，為何這麼低調？出乎意料，緝毒局似乎沒有大張旗鼓展開臨檢或突襲，而是採取更迂迴含蓄的做法。緝毒局進入園藝圈行動（某些情況下會威脅從事合法貿易買賣的公司），默不作聲地切斷罌粟花種子和乾燥花的供應，遑論高調公開大家可能會怎麼使用鴉片罌粟花。在背後操控這些行動的那隻手顯然是斯耐德，我決定該是時候和他談談了。當我發現他的電話號碼印在「美國種子貿易商協會」的訊刊上時，覺得自己彷彿誤打誤撞發現了可以直接打給奧茲巫師（Wizard of Oz）的電話號碼。

我介紹自己是園藝作家後，斯耐德同意接受我的採訪。一開始，我請他針對我種在花園裡的罌粟花給些意見。他開門見山地說：「我的建議是不要種。此舉違反聯邦法律。我會剷掉他們。」他接著補充說：「我們不會進入老奶奶家的花園，然後對疑似罌粟花的植物進行採樣。」他接著證實，園丁必須在知情以及有目的的情況下種植鴉片罌粟，才構成犯罪行為。

也許是出於助人，斯耐德指出，我還可種植其他一千兩百個品種的罌粟花，包括「紅罌粟、巨罌粟以及其他無數的品種。」巨罌粟？這不是韋恩．溫特羅德所說，只是鴉片罌粟的一個品種嗎？我請他描述一下巨罌粟。「它有一個比鴉片罌粟還大的蒴果，我的桌上就放了一個。」

斯耐德承認，直到最近緝毒局才開始認真執法，禁止園藝人士種植罌粟，因為收到了「來自西北部與加州傳來的消息，稱有人用乾燥與新鮮的罌粟花煮泡罌粟茶。」

不知他是否熟悉《大眾的鴉片》這本書？

經過好一陣子讓人不安的停頓後，他只說：「我們看到了大部分的印刷品。」

我可能搞錯了，但在我的印象中，斯耐德在我們談到這一點時，回應突然變得簡短而不客氣。他拒絕就寄信給種子公司提及查扣一事多說什麼，因為此事「還在調查中」。我想知道，緝毒局有何權限可以阻止種子公司販售合法種子，還沒說完就被他打斷，他說道：「如果他們為了種植目的而銷售，就是非法行為。」很難想像，種子公司除了這理由，還可拿什麼理由販售種子？

然後我問斯耐德，是否擔心他的所作所為反而提醒民眾，在美國取得鴉片易如反掌。

他說：「風險總是有的，只要愈來愈多人知道這事，就會有人想嘗試。這就像銀行宣布，金庫會在早上九點開放，消息一出，是否會引誘罪犯搶劫銀行？你自己下個結論吧。」

捍衛新聞自由

我的結論是，緝毒局確實已默默展開掃蕩行動，試圖斬斷商家供應新鮮與乾燥的罌粟，之所以不敲鑼打鼓，就怕民眾發現，罌粟不僅唾手可得，而且把罌粟蒴果轉化為毒品並非難事（霍格希爾幫助我看清了這點）。斯耐德暗指的銀行金庫正是這些資訊，只不過這些訊息現在仍被關在錯誤訊息與普遍迷思的高牆後面。緝毒局似乎打算把這些資訊繼續鎖在那兒，等到大家發現國內鴉片罌粟原來隱身在眾目睽睽之下時，鴉片罌粟已被掃蕩一空。

政府似乎走在一條折磨人的窄路上，試圖向知情者發出一個訊息，同時向不知情者發出另一個截然不同的訊息。這種維持微妙平衡的做法，充分顯露於斯耐德不願與我討論查扣罌粟的細節。我相當肯定，我現在知道斯耐德所說的（或沒說的）臨檢是什麼意思。在六月十一日，我家罌粟花盛開的幾週前，緝毒局和喬治亞州斯伯丁郡（Spalding）的執法人員臨檢了羅德尼·艾倫·摩爾（Rodney Allan Moore）的花園。摩爾當時三十一歲、失業中，妻子是雪莉。緝毒局幹員查扣了兩百五十八株罌粟花，其中許多蒴果的外皮已被割破；另外也查扣二十多株大麻的幼苗；還有幾包袋裝大麻（總重約數盎司）。除了花園，幹員也搜查摩爾夫婦居住的拖車，找到一些紀錄，顯示這些罌粟花的種子是向湯普森摩根公司以及其他兩家公司訂購。此外，他們找到一本《大眾的鴉片》。摩爾被指控製造嗎啡、持有大麻。儘管他之前沒有被捕的紀錄，但法院諭令他繳交十萬美元保釋金，否則還押（直到二月諭令仍未變）。*

摩爾花園被臨檢，似乎並非政府系統性打擊罌粟種植者的行動之一：靠著匿名人士舉報，幹員出動要找的是大麻，顯然誤打誤撞發現了這些罌粟。但我認為，這次突襲行動的運作方式顯示，政府對國內鴉片採取了雙管齊下的策略。一方面，緝毒局利用臨檢，調查追蹤（合法）提供摩爾罌粟種子的公司，並對這些公司施壓。另一方面，則公開散布關於罌粟的不實資訊，讓民眾無從得知真相。

在喬治亞州，《格里芬每日新聞》（*Griffin Daily News*）的頭版標題寫著：「幹員將調查罌粟花如何進入美國」，並搭配一張蒴果外皮被摩爾割開的照片。該報導並未提到當局在

---

* 摩爾被大陪審團起訴多項罪名，包括製造嗎啡、犯罪時持槍等等。他認罪，以求減輕刑責，最後被判處服刑十年，他入獄兩年半，並支付五萬七千美元罰鍰。

摩爾拖車中發現幾本知名的種子郵購型錄，就憑這點，可證明摩爾的罌粟花根本未「進入」美國。令人意外的是，報導引述緝毒局幹員文森·摩根諾（Vincent Morgano）的話，稱在美國種植鴉片罌粟花是前所未聞的事：「我在緝毒局服務二十五年，從未看過民眾在國內種植鴉片罌粟。」格里芬—斯伯丁反毒工作小組領導人克雷倫斯·考克斯（Clarence Cox）則向媒體保證，被查扣的鴉片罌粟不同於美國花園中常見的品種。斯伯丁郡警長理查·坎特雷爾（Richard Cantrell）說，這次臨檢查獲的兩百五十八顆蒴果，如果收割方式正確並加工，最多可製出一公斤的海洛因。（簡直是煉金術！）一樣在緝毒局工作的比爾·馬隆尼（Bill Maloney）解釋，從蒴果提煉鴉片是非常複雜而危險的過程，「我甚至不認為擁有博士學位的人能辦得到。」他也說，鴉片罌粟在美國東南部極為罕見。「氣候條件必須恰到好處。溫度必須溫暖適中，水量也要剛剛好。」

上述說法都是我從《格里芬每日新聞》讀到的，而該報無條件相信這些說法。為什麼不呢？政府官員有何理由針對園藝撒謊？然而我的花園已反駁其中幾個說法。事實上，我知道這裡所討論的罌粟花——Papaver somniferum，確實與美國花園普遍種植的品種相同，而且不論在美國那一個地方栽種，都絕非難事。儘管我還無法直接證實，這些罌粟花是否可煮泡出鴉片茶，但是農業部植物專家詹姆士·杜克（James Duke）告訴我，一般常見於花園的鴉片罌粟花品種，確實含有嗎啡與可待因，這些生物鹼可以輕易而有效地從新鮮或乾燥的蒴果中提煉萃取，方式是把蒴果泡在熱水裡（亦即煮泡成茶）。「這下你知道為什麼當局會擔心了吧。」以及他們為什麼傾向於撒謊？既然鴉片罌粟花這麼容易種植，鴉片茶這麼容易煮泡，所以政府若想阻止民眾種植和煮泡鴉片茶，最佳方式（也許是唯一方式）無非是讓民眾深信，自己絕對做不到這些。

我有充分理由相信，杜克與霍格希爾的說法是對的，並懷疑喬治亞州政府幹員的聲明。但是在我看來，鑑於圍繞罌粟花的錯誤和刻意扭曲的假訊息迷霧愈來愈厚，要拼出最後一塊知識的最佳方式，莫過於直接對我花園的罌粟花進行簡單的實驗。我現在已經明白，規範種植罌粟花的法律已將我踢出守法的國度，其實早在我認清這事實之前，就已和守法無緣。由於這些法律把種植罌粟與煮泡鴉片茶一律視為犯罪，因此似乎沒有什麼理由可阻止我採取必要措施，滿足我的好奇心。故事寫到這裡，我得岔題解釋一下，為何接下來幾頁講述我「簡單實驗」的內容，會在律師建議下從原文中刪除，然後下落不明了二十四年。

一九九六年秋末，我向《哈潑》雜誌投稿這篇文章後，在編輯以及事實查核的過程中，我向編輯提到，由於政府顯然對我在文裡描述的活動感興趣，所以最好請個律師讀一下草稿，因為其中一些活動與做法可能觸法，獲得《哈潑》雜誌發行人約翰「瑞克」麥克阿瑟（John R. "Rick" MacArthur）同意，並將文稿寄給他碰巧認識的知名刑事辯護律師，該律師在康乃狄克橋港市（Bridgeport）執業，橋港長期以來因為貪腐、幫派犯罪、非法毒品氾濫而惡名昭彰，為刑事律師提供大量工作機會。在一個晴朗的冬日下午，這位律師和他的年輕助理開車到我位於康瓦爾（Cornwall）的家，向我和太太朱蒂絲簡短說明他們對這文章的法律意見。那天是週間，四歲的幼兒送去日托所。我們請兩位律師先吃午餐，然後移到起居室，聽取他們的法律意見。我還記得，當時覺得請兩位刑事辯護律師到我們家出公差，實在有夠怪。

儘管這位資深律師因專業素養使然，說話語氣異常平靜，但是他所說的內容，讓我們夫婦倆恐懼不已。如果他所說的是對的（我沒有理由懷疑他），我將陷入比自己想像還嚴重的法律險境。在整個實驗過程中，我覺得最糟糕的情況莫過於被警察三更半夜上門臨檢（主要受霍格希爾悲慘遭遇的啟發）——SWAT特警隊帶著搜索狀，到我家翻箱倒櫃並毀了花園，而我和家人只能無助地看著，束手無策。我一直認為，政府需要一些確鑿證據（當然是罌粟花本身），或者是少一個目擊證人（某種獨立的確證，證實我種植了罌粟花），然後才能對我提出告訴。

但是經過二十年的反毒戰爭，政府取締公民的權限不斷擴大，超出我們許多人的理解。顯而易見，搜索狀是最不須擔心的事，因為還有更嚴重的事值得擔心。至少可以預見，聯邦檢察官可以指控我製造第二級受管制物質，只須拿我擬發表的文章內容，就足以被法官採信，作為讓我認罪的證據。這一認罪供詞可以根據我訂購了種子或是來年春天花園裡長出罪大惡極罌粟得到確切佐證，畢竟我的罌粟花擴散了罌粟籽。罰則呢？最高二十年徒刑以及一百萬美元罰鍰。如果警方未在我家花園發現任何罌粟，根據聯邦準則，政府可估算在我家這樣大小的花園能栽種多少罌粟，然後指控我非法種植。

律師也分享一個更讓人不安的事實：根據一九八四年國會修訂的聯邦資產沒收法（之後獲得聯邦最高法院判決支持*），政府可以沒收我的房子和土地，把我們趕出家門，無須等到我的任何一項指控被定罪，甚至無須對我提出任何一項指控。律師解釋，我的房子和花園可以被「定罪」，因為犯了製造鴉片的罪，無論我是否被提起告訴，遑論被定罪。根據民事資產沒收法，證據力的適格性遠低於刑事訴訟；政府的舉證只須具備「證據的優勢」（preponderance of the evidence），亦即只要我的資產涉及違反毒品法，就可沒收我的資產。那麼如何才能確立這種證據優勢？根據親赴我家、坐在我對面這位律師的意見，沒有什麼比我打算發表的文章更具殺傷力。**

我聽著這位律師冷靜地解釋發表這篇文章後，我們的生活可能天翻地覆，同時我也看

---

* 在二〇一九年，最高法院引用第八修正案「不得判處超額罰金」的規定，對民事資產沒收法做了一些限制。

** 你可能會問，一如我問這位律師，我是記者，為了報導罌粟花而種植罌粟花，這理由是否能為我提供一些保護——根據憲法第一修正案或各州的新聞記者保護法。答案是不能。一九九六年，康乃狄克州沒有這類的新聞保護法，就算有，保護法也無法為涉入犯罪活動的記者提供任何保護。

到兩種敘事在交戰。根據我的版本，在花園裡收成幾顆罌粟花蒴果，把蒴果搗碎，浸泡在一杯熱水裡，品嚐泡好的熱茶，這不過是一種相當溫和的天然草藥療法，何須大驚小怪。但這是我的說法。律師則告訴我，我必須權衡政府對同樣行為卻有截然不同的描述：煮泡罌粟茶是「製造麻醉品」；印製製作配方，以及使用完全不具威脅感的文字描述其效果，是在「鼓勵藥物濫用」。至於是否起訴某人，不僅取決於他可能犯了（或沒犯）什麼罪，也取決於檢方向陪審團說了什麼。根據這位律師的說法，政府的版本很可能勝過我的版本。我的處境不容樂觀，因為我將在印刷品中白紙黑字供認我犯罪的地點或時間：犯罪地點顯然是我家與花園（因此確立了司法管轄權以及被沒收的目標資產）。確切的犯罪時間也很容易被確認，只要根據敘事中各種事件的發生日期，例如霍格希爾被捕的時間，影響所及，我很難辯稱已過了訴訟時效。從證據的角度來看，我的文章簡直是自證己罪、不打自招。

律師最後說道，是否仍要發表文章，決定權在我。但是身為我的律師，他無法做此建議。

我聽完愣住了。坐在自家客廳，坐在熟悉的沙發上，突然覺得自己彷彿變成了另一類人——一個被告，而且是自毀前程的笨蛋。眼前等著我決定的事已經很明顯：如果我發表這篇文章，不僅危及我的自由，也危及我的家，我若還堅持發表，就是蠢。

然而這並非一篇普通的文章。我花了近一年時間才完成，身為自由撰稿人，稿費可是維持家計的後盾。但是當律師收拾好公事包準備打道返回橋港前，我眼睜睜看著自己這年的努力與收入都將因為我的蠢行而付諸流水。我當時到底在想什麼啊？

但是故事顯然沒有就此落幕，因為我終究還是發表這篇文章（至少刊登其中大部分的篇幅）。當麥克阿瑟獲悉律師的建議以及我的反應後，他非常火大。大家務必要了解，麥克阿瑟不同於傳統的雜誌發行人，後者的眼睛緊盯著財務報表，骨子裡對於與法律訴訟沾上邊心存反感，但是麥克阿瑟是捍衛新聞自由的健將，哪兒有爭議的亮光，他會趨前靠近，而非退避三舍。他的律師朋友建議他壓下某篇新聞報導，但是他覺得這是對他本人的侮辱，不管理由多麼堂皇。

麥克阿瑟的直接反應是什麼？

換一位律師！

這次麥克阿瑟沒有聘請刑事辯護律師，而是改聘一位專精憲法第一修正案的律師，也是紐約最知名的律師之一。維克多．科夫納（Victor Kovner）曾代表不少知名作家、電影工作者、媒體機構出馬，為他們辯護，以免他們作品被政府打壓。科夫納看了橋港律師也看過的文稿，但是得出相反的結論。我不記得他的原話，但是我聽到：「為了共和國的利益，這篇文章必須出版！」他認為，政府不可能對像《哈潑》這麼知名、孚眾望的雜誌出手。在他看來，我這篇文章不該被視為自證己罪的供詞，而應該被理解為對反毒戰爭的政治評論，這正是第一修正案所要保護的言論類型。科夫納與麥克阿瑟兩人聯手，讓我覺得我關切的重點

——我的自由以及我的家！實在過於狹隘（相較於牽涉的公共利益）。反之，他們兩人似乎急於開戰。

我該怎麼做呢？我感到非常糾結。我非常想發表這篇我引以為豪的文章，而且獲得應有的報酬（這可不是一件小事）。也許那位康乃狄克州的律師反應過度，也沒有評估政府若蠢到對我們出手可能衍生的政治利弊。我作為一名記者，是否不該只侷限在小我的安全，至少該關心一下懸而未決的第一修正案問題吧？

我追問麥克阿瑟，萬一出了什麼事，他和雜誌會在多大程度挺身為我辯護？結果，他和科夫納擬了一份協議，這是出版人給過合作作家最不尋常的合約之一。根據協議，如果我因為發表文章而發生什麼事，哈潑公司承諾「為你辯護、提供你賠償，讓你不必支付此事產生的任何費用、開支與損失。」這不僅包括支付我的官司費（並承諾未經我同意不會和解），還包括補償我為自己辯護所花的時間。如果我敗訴而入獄，《哈潑》雜誌同意向朱蒂絲支付薪資，直到我獲釋。也會支付我所有的罰鍰或罰金。如果政府沒收我的房子與土地，哈潑承諾為我和朱蒂絲購買另一棟類似的房子。

這份協議讓人安心，但也滿嚇人的，暗示：所有這些突發狀況的確可能發生。

我問科夫納，如果我願意（其實我真的願意）發表這篇文章，我能否做些什麼以求自保？他建議，文章中有兩段最有可能和政府作對，如果我可以將就，就刪了這兩段，或許可降低被起訴的命運。就我記憶所及，他引述一九七九年美國能源部起訴進步公司一案，在這起官司中，政府試圖阻止《進步》雜誌（*the Progressive*）刊登一篇說明如何製造氫彈的文章，儘管這些說明完全是基於公開取得的資訊。*因為我這篇文章公開了煮泡罌粟茶的做法，並在字裡行間大抵肯定罌粟茶的功效，政府可能認為我在嘲弄他們，以及指導潛在的鴉片種植人士；科夫納認為，這增加了政府被迫採取某種行動因應的可能性。他認為，刪除這幾頁可以將風險降到最低，因為實際上，這篇文章反而幫了緝毒局的忙：嚇阻像我這樣的人，讓我們不敢洩漏罌粟茶的做法與功效。科夫納還認為，一個從未吸食相關毒品（此處指鴉片）的被告，在陪審團眼裡值得同情。但是他的底線是，我得刪掉有問題的幾頁，以示我接觸的毒品量可降至「微不足道」或「可忽略不計」的程度。

因此與朱蒂絲協商並糾結了幾天後，我決定這麼做。我刪掉罌粟茶的做法與「體驗報告」（trip report），在雜誌付梓之前，再三確認已從電腦與家裡刪掉這些段落（以及其他潛在自證己罪的證據）。但是從電腦硬碟刪掉這些段落前，我把未刪的版本另存到隨身磁片，並把磁片交給身為律師的小舅子，請他妥為保管。為什麼？因為我不忍心銷毀我的心

* 政府最後在上訴期間撤銷告訴，稱該文的大部分訊息被公開後，繼續打官司沒有意義。

血，心想，也許有一天（在反毒戰爭結束或過了訴訟時效），我可以再利用它做些什麼。以下是當初刪掉的段落，然後是一九九七年《哈潑》雜誌發表版本的最後部分。

減輕存在的負擔

到了深秋，我終於採收結果的罌粟。此時，莖桿已經乾涸，棕色蒴果外皮皺巴巴，大小和胡桃差不多。

那位美國農業部退休研究員杜克跟我說過，我沒有趁蒴果還新鮮、汁液（亦即鴉片）尚飽滿時收成，已經錯過了一個藥理機會。杜克建議我，從罌粟花提煉生物鹼，酒精（乙醇）是比熱水更好的溶劑，這話很有道理：鴉片酊就是將鴉片浸泡在溶劑裡形成的酊劑。杜克告訴我：「你可以用一杯伏特加浸泡一顆新鮮的綠色蒴果，得到相當於一份的海洛因。」我想知道為什麼霍格希爾的「食譜」裡，專注於罌粟茶的做法，卻不提酒精類溶劑的加工法，然後才想到他說過：他是穆斯林，不喝酒。

檢查自家花園裡的蒴果，可以看到每個蒴果頂部環繞花藥的小孔已經裂開，釋放罌粟種子到空中，這些種子孔看起來就像自由女神王冠上的一圈小觀景窗。現在這些種子可能已散在我家花園四處，明年春天會自己胡亂地從土裡冒出來，如果下一季我不想製造鴉片，就得認真除掉它們每一株。

我摘了六個蒴果，拿到廚房，雖然蒴果裡很多種子都飛了，但仍剩很多，因為空間夠，所以蒴果滾動時，裡面的種子會發出響聲。按照霍格希爾的食譜，我把剩下的種子搖出來（每個蒴果裡大約有幾百顆，顏色不一，有米色、淡紫色、黑色等等），然後用拳頭把蒴果壓碎。我把碎殼連同種子放入咖啡磨豆機，幾秒鐘後，機器就把它們磨成細粉末，然後把粉末放入馬克杯裡。我煮了一壺熱水，把滾水倒入馬克杯，攪拌栗色的混合物，讓它浸泡。氣味一點也不難聞，有乾草的味道，不同於立山小種紅茶（lapsang souchong tea）。整個泡茶過程非常簡單直接，做法也非常地家常，沒有講究的細節，猶如製作香蒜青醬或是檸檬香蜂草茶，不具什麼爭議性。不管是青醬還是檸檬香蜂草茶，做法簡單，用的也是我在那一週從花園採收的食材。我當然不覺得自己得拿個博士學位才做得來這些。

浸泡十五分鐘之後，我將茶水倒入濾網，濾網下出現黏稠的棕色汁液。我用湯匙的背面擠壓濾網上的茶渣，擠出最後幾盎司的汁液。這下茶可以入口了。

罌粟茶的確非常難喝，幾乎和生鴉片一樣苦，而且味道的新鮮感一退，還有點令人作嘔想吐。我問過杜克，為什麼罌粟花結果後首要工作是分泌鴉片？換言之，進化的重點何在？他指出，生物鹼並不好吃，不難理解植物利用生物鹼抵禦蟲害。他說：「動物懶得親近難吃的植物，所以味道最差的植物可以產生最多的後代。」

把一杯這樣的東西喝下去是一大工程。這茶不僅難喝之至，還奇怪地有飽足感，而且很快就覺得噁心，這感覺彷彿輕微的暈船。我不知道，這是不是因為喝了過量的罌粟茶所致；在我看來，還沒喝下大量的罌粟茶之前，你的胃早就抗議了。大約過了十分鐘左右，我開始覺得……不一樣。沒有明顯的不同，沒有「嗨」，但我也不完全是十分鐘前的我。想起霍格希爾告訴我關於罌粟茶的止痛特性，我開始一一清點自己每天身體的痛點與不適，包括起床時脖子僵硬，在花粉旺季鼻子會過敏與喉嚨會癢，電腦前打字太久手指關節會隱隱作痛。雖然喝了罌粟茶，這些疼痛並未完全消失，但已降至不足以讓我關注的程度。這些疼痛根本不礙事了。然後我決定檢視我的心情，結論是，這感覺的確很棒。我不會用欣喜若狂這個形容詞，但我的身心充滿一種獨特的幸福感——我在筆記裡寫下「溫暖」、「水」這兩個詞。我不確定這是否符合我當初設定的自我研究模式，但是讓心與身稍微分家，保持一點距離，冷靜地評估自己的感覺和心情，似乎是最自然不過的事。我覺得自己幾乎是個旁觀者，以第三人稱的方式進行體驗，但又不完全是。

霍格希爾說過，罌粟茶「可以讓悲傷消失」，現在我才明白他為何用這麼特殊的文句。罌粟茶似乎不會給意識狀態增加任何新東西，不像吸食大麻會產生新奇和意料之外的感覺與情緒。相形之下，罌粟茶似乎會減少一些東西：焦慮、憂鬱、擔心、悲傷等等。一如類鴉片藥物或包含鴉片成分的東西，罌粟茶在各種意義上，都是一種止痛劑。在我的筆記裡，我寫道：「絕對可減輕存在的負擔。」

我滿心期待喝了罌粟茶後完全當機，啥事也幹不了（其實我一直對藥物非常敏感），鴉片製劑普遍被認為是一種催眠劑，所以我選擇沒什麼事要做的某天下午進行實驗。喝完罌粟茶的第一個小時，我坐在書桌前評估茶的功效，確實有一種想要閉上眼睛的強烈衝動，不是因為昏昏欲睡，而是一種全然的被動感，不過這種感覺絲毫不會令人不悅。我只是覺得不需要睜著雙眼接收周遭一切資訊，謝謝你哦。我的感官功能正常，但是我沒覺得特別需要根據它們接收到的資訊採取行動（有所回應）。有一次，我記得我覺得很冷，但是懶得起來關窗或穿上毛衣，如果還可以，就繼續坐著不動。我寫道：「意識彷彿一棟房子，而我坐在房子的前廊上，看著世界來來去去。」這話有點隱晦難懂。

但我發現自己可以清晰地思考——只要我一次只想一件事。德．昆西曾說過，他發現一邊吃鴉片，一邊閱讀，兩者是絕配。所以我讀了一會兒的書，注意力非常集中。但是進入第二個小時後，我發現自己其實精神奕奕，甚至變得果決。現在我想走下意識的門廊，到花園裡打理一些雜務。

事前我已決定，這只是一次性實驗，所以我知道我得清除花園裡的罌粟，愈快愈好。因此我開始動手，拔掉枯萎的莖桿，但我不確定該如何處理這堆死掉的花（這些證據）。我讀到一篇報導，知道警方無須申請搜索狀就可以翻找我家的垃圾（反毒戰爭的另一個司法成果），所以我不可能把這些罌粟花連同垃圾一起扔掉。最後決定乾脆把它們做成堆肥；到了春天，它們就會和我菜園角落裡堆肥上分解腐爛的向日葵花頭、青花菜、茄子、廚餘混在一起，沒有什麼區別了。

不准靠近

當我收拾罌粟花的莖桿時，我看著這不尋常的收成，陷入沉思。每年這個時候，引以為豪是園丁普遍的反應，不斷讚嘆自己花園幾乎可無中生有地創造東西。每年夏天，看到波旁玫瑰或是牛排蕃茄（beefsteak tomato），我都會讚嘆一番，大自然怎能長出如此吸引人類眼球、鼻子、味蕾的東西。眼前這些罌粟花也很牛逼：毫不起眼的一粒種子，竟能在我的花園裡結出具有止痛、改變意識狀態、「讓悲傷消失」的果實，他們怎麼辦到的？

科學家對此提出了解釋：鴉片的生物鹼由複雜的分子構成，這些分子幾乎與我們大腦用以因應疼痛、產生愉悅感的分子相同。但在我看來，這只是科學的解釋之一，而且讓科學聲稱要解決的謎團更加撲朔迷離。因為世上一朵花的分泌物分子，有多大機率能夠成為鑰匙，不偏不倚打開我大腦中支配快樂和痛苦的生理機制？自然與人腦之間的這種相應關係，說來神奇，儘管這也一定有個解釋。可能完全是因為兩者的分子誤打誤撞吧，但似乎更可能是意外占一小部分，共同進化占一大部分。有個理論主張，鴉片罌粟花在進化上，直接受到快樂影響，恰好給了具備園藝和實驗天賦的某種靈長類動物快樂，擺脫疼痛。此外，這花為了要讓人類開心，能繁衍最多的後代。這與波旁玫瑰或牛排蕃茄的例子並沒有太大的不同，這兩種植物的進化也都受到人類利益的影響與指揮。

那個秋日的午後，我感受到的第二個驚奇則有些黯淡。我把折斷的莖桿扔在堆肥上，用乾草叉翻攪時，我心想，稱罌粟花「非法」，到底是什麼意思？幾個月前，我種下和蕃茄一樣都不構成重罪的罌粟花種子（實際上這兩類種子寄到我家時，裝在同一個信封裡），然後澆水、間苗（thinning）、除草，以及完成其他所有該有的動作，最後開花時，卻讓園丁成了罪犯。毫無疑問，這是一種煉金術，難以置信的程度不亞於將同一顆種子轉化為化合物，然後讓它改變我大腦中快樂和疼痛的比例。然而第二種轉變（種花者淪為罪犯）在自然界沒有任何依據。實際上，它不過是特定法律分類的結果，將自然界出現的某些物質分為「合法」和「非法」兩個類別。任何這樣的分類法，是特定文化、歷史、政治下的產物，亦即都是人為使然。不難想像，隨著時間推移，過去的分類法與現在可能有天壤之別。

事實上，自然界植物合法／非法的分類法不久前才有一例。離我家花園不遠處，長著一棵蘋果樹，樹齡已非常老，是二十世紀初住這裡的一位農民所種，他的名字是馬契斯（Matyas），他在一九一五年買下這片土地。而今這棵樹每年秋天仍然會結出一些蘋果，但數量不多，也不是很好吃。據我所知，馬契斯種這棵蘋果樹只有一個目的——釀造硬蘋果西打（hard cider，含酒精的蘋果飲料），這是自殖民時代以來，大多數美國農民普遍會做的事；實際上，直到二十世紀，硬蘋果西打可能是美國最受歡迎的麻醉劑（如果你硬要稱之為毒品的話）。這也難怪，何以「基督教婦女禁酒聯盟」（Women's Christian Temperance Union）的標誌之一是斧頭；諸如凱莉．納西翁（Carry Nation）這樣激進的禁酒人士，曾疾呼應砍掉像我家花園那棵蘋果樹一樣的植物，因為在他們眼中，這些樹的威脅與當今大麻草或罌粟花在（反毒沙皇）威廉．貝內特眼中的威脅一樣，必須斬草除根。

住家附近的老人告訴我，馬契斯曾釀出鎮上最好的蘋果白蘭地（applejack），酒精度百分百。毫無疑問，他的蘋果酒一定會受到「蹂躪」，而且在一九二〇至一九三三年期間，根據憲法第十八修正條文，釀造蘋果酒是聯邦罪。在那個禁酒年代，農民每製造一桶蘋果酒，就違反一項聯邦法。值得注意的是，歇斯底里的反酒精聲浪導致全美禁酒，但是這段期間一些鴉片在全美既合法也幾乎唾手可得，一如今天的酒精飲料。據說，基督教婦女禁酒聯盟的會員結束一天的反酒精行動後，會拿出她們視為寶貝的「女性養生品」（women's tonics）放鬆身心，這些補品的活性成分正是鴉片酊。這種昨是今非的現象距今還不到一個世紀。

反毒戰爭實際上是掃蕩「某些」毒品的戰爭，這些毒品被貼上非法的標籤是因為歷史的偶然、文化偏見，以及制度性的強制力。物質可能根據其成癮性、有毒等特性被分類，當局再根據分類決定對哪些東西宣戰，這點很難向局外人，甚至像馬契斯這樣的農夫提出站得住腳的合理解釋。例如，是成癮這個特性讓某物質淪為非法嗎？若是如此，菸草為何不是非法物？我可以在花園裡自由地種植菸葉。奇怪的是，目前的反菸運動與其說是反對香菸的成癮性，不如說是擔心吸菸對健康的威脅。那麼某物質被視為公共威脅是因為其毒性嗎？好吧，我承認自家花園裡多的是有毒植物——曼陀羅、大戟屬植物（euphorbia）、蓖麻子（castor beans）、大黃（rhubarb）的葉子等等，如果我吃下肚，不僅會生病，甚至可能沒命，但是政府相信我會小心翼翼，所以有毒物植物不盡然會被政府開刀。那麼，難道是因為「娛樂性使用」讓人產生愉悅感，而讓某物質不被社會接受嗎？這點套用在酒精飲料也不成立：我可以利用自家花園裡的植物合法地釀製葡萄酒、蘋果酒、啤酒，供我個人使用（若想分送給其他人喝時，須遵照法規）。抑或是「改變意識狀態」的特性讓某成分（藥）變得邪惡？這點對於抗憂鬱藥「百憂解」也完全不成立。百憂解和鴉片一樣，都是模仿大腦分泌的化學成分。

既然上述理由都不成立，那麼對毒品宣戰可能是恣意武斷之舉，而對罌粟宣戰，無疑是最讓人側目的戰線。完全相同的化學成分，到了其他人手中（例如製藥公司或醫師），肯定被視為人類的福音。儘管我家罌粟花的醫療價值得到廣泛認可，我卻忽略一系列規範生產與使用罌粟的法規（沒有注意只有製藥公司可以處理罌粟花；只有醫師可以調配罌粟花的萃取物），忽略偏見（精淬生物鹼優於粗淬生物鹼），結果我不僅成了罪犯，還是重罪犯。

將來有一天，我們也許會驚訝於前後花了這麼多心力搞分類，但這些心力似乎與類目的假象完全不成比例。也許有一天，政府已不會在乎我是否想泡杯罌粟茶緩解偏頭痛，一如它現在不關心我是否會泡杯纈草茶助眠，纈草茶（**valerian tea**）是從纈草（**Valeriana officinalis**）根部萃取的精華，可作為鎮靜劑，有助眠的功效。再者，政府也不會關心我是否想牛飲一夸脫的蘋果酒只為了爛醉。總而言之，在美國，蘋果和罌粟的際遇被逆轉，這現象距今並不是太久。

我確定所有罌粟的莖桿經過攪拌後都被妥妥地埋在層層堆肥下，靠近堆肥中心的散熱點，心想堆肥散出的熱氣足以把罌粟桿炸得面目全非，難以辨識。我同時也在想，馬契斯在全美實施禁酒令期間曾打理過這花園，自此，這花園幾乎沒有什麼變化。至於禁酒時代（Prohibition Era），我們的解讀有對有錯，對的是，認為那是愚昧的時代，錯的是認為那是距今很久的一段古歷史。若還要說些什麼的話，我們這群經歷過反毒戰爭的人，生活在比禁酒時代還奇怪的時代。今天，有些植物只要出現在我們的花園裡，就被當局視為違法，不管植物主人有沒有用它們做些什麼。相形之下，禁酒期間，當局從未取締馬契斯的蘋果樹

（當然也沒有威脅要沒收他的產權）；直到馬契斯釀製硬蘋果西打，才算踩了法律紅線。

但是不論當時還是現在，確實有條紅線穿過花園的中間。多虧兩次全國性的掃蕩，能在這花園輕易長出的「禁藥」（蘋果與鴉片）讓馬契斯和我成了罪犯。兩人無須走出這花園就觸犯了聯邦法，僅僅因為行使個人自由權就可能害自己喪失個人自由。我和馬契斯的共同點，除了先後是這個花園的主人之外，還有若干其他的共同點。例如，偶爾想要改變意識狀態，儘管我不知道，這是否是普遍的心態。此外還有這點：別說是在花園裡發生的事情，就連發生在屋子裡、身體裡、腦袋瓜裡的事，關其他人啥事，我們拒絕接受別人的探頭探腦。十五年前，我搬到這裡時，還有一些破敗的棚子散落在這片產權上，建物上面寫著一些警告字眼，我想是針對可怕的「國稅局官員」，以及所有被馬契斯視為威脅其隱私（以及自由）的惡人。其中一個棚子的一側用紅漆怒寫著「不准靠近！」這完全就是我的感受。

後記

你們可能想知道，這篇文章發表後發生了什麼。頭幾週，我忐忑不安，等待下一步的發展，結果要嘛是政府沒有看到這篇文章（根據霍格希爾被那本難懂的書拖累的下場，這種可能性不大），要嘛是科夫納的政治考量沒錯，政府發現若對我們窮追猛打，可能弊多於利，因為若政府有意在不驚動任何人的情況下，悄悄地掃蕩民眾自製鴉片，那麼高調地與一家全國性知名雜誌對幹，勢必會讓這一戰術大打折扣。當然這一切都是揣測：誰知道政府在想什麼？（假設他們有關注這件事的話。）

搞不好是我自己的自我設限發揮了作用，誰知道呢？我開始後悔刪掉這幾頁篇幅。雖然也是直到糾結一整年的恐懼與疑神疑鬼的心情消褪之後，才慢慢覺得悔不當初。現在發表這些觸法內容並不需要什麼勇氣；畢竟早在幾年前，訴訟時效已過。而今唯一不利我發表的障礙是，不知原文的下落。

我以為我托了小舅子保管這幾頁，但是我最近詢問他之後，他稱多年前就把文件還給

了我。我完全想不起來有這回事，但認真搜索自己的文件與檔案時，果然在自家書房兩用床下的收納櫃裡發現一個厚厚的老式文件夾，裡面放了該文一部分的傳真校樣稿，一些法律備忘錄，《哈潑》雜誌所擬的賠償信草稿，一個紫色磁碟片與一個磁碟機。我希望文稿就在裡面，但是我沒有機器可以讀這種已被淘汰的LKK磁碟片。

四處打聽後，我聽說隔壁小鎮有個電腦顧問，他叫大衛．馬福奇（David Maffucci），是這方面的專家與魔法師。我打電話聯繫他，他說他家地下室塞了一堆「舊媒體」，可能可找到設備讀取磁碟片的資料，只要磁碟片不是「退化」得太厲害。我開車把磁碟片送到他店裡。過了幾天，大衛打電話來，表示他找到可讀磁碟片的機器，而且磁碟片裡的資料完好無損。他把資料複製到隨身碟，我打開隨身碟，發現裡面有十多個Word文件，其中一個檔名很有可能就是我要找的文章，檔案名稱是「罌粟花草稿十一——一版」。準是這個沒錯。

但接下來又碰到另一個難題：新版的Word程式無法開啟那麼舊的Word檔，所幸大衛又一次找到解決辦法。他教我從網路下載免費的程式LibreOffice，哈利路亞，LibreOffice順利打開了這個文件，正是完整的初稿，包括你剛剛讀到的罌粟茶做法以及體驗報告。我和這幾頁內容整整失聯二十四年。

若要說這插曲給我的教訓，無非是：若訊息需要保存幾年以上，最佳辦法不是靠數位技術，而是印在去酸紙上。

《哈潑》雜誌刊登這篇文章時，用〈鴉片，輕鬆製作〉為標題。據我所知，該文並未在全國掀起自製鴉片的風潮。但根據小道消息，聽說隔年鴉片罌粟花種子的銷售異常地夯，不過由於緝毒局施壓，幾家公司已放棄銷售鴉片罌粟花的種子，或是改變該花的銷售名稱，導致園丁與花匠們得費一些力氣才能在種子郵購型錄裡找到想要的種子。

但是不管緝毒局在一九九六年和一九九七年對鴉片有何想法，政府並未掌握與了解鴉片的真相，實際上我也沒有。這場反毒戰把我們雙方捲入可笑的衝突之際，普度製藥公司的行銷活動，宣傳誘人的不實資訊，避重就輕地聲稱處方止痛藥「奧施康定」安全無虞，以至於鴉片默默且合法地進入數百萬美國民眾的體內。這裡可發現個寓言，點出新聞與歷史的差異。當下可能看起來是吸精的「新聞報導」，實際上也許是轉移注意力的障眼法，閃亮吸睛的新奇事物，不利我們看清表面下發生的真相，看不見遲早會深刻影響我們生活的現象。這也是對反毒戰爭的一個絕佳總結。該戰爭除了嚴重侵蝕我們的自由、讓監獄人滿為患之外，也轉移我們的注意力，忽略鴉片類止痛藥物（我們剛好將其列為合法處方藥）造成的真正傷害。相較於合法的類鴉片藥物，我懷疑到底有誰真的死於飲用過量的非法罌粟花茶。

我稍早提過，大家現在已很少聽到反毒戰爭的報導。相關團體摩拳擦掌準備消除反毒戰造成的傷害，努力把反毒戰妖魔化的一些植物除罪化。不過就算「除罪化自然植物」組織的訴求是把所有非法的「植物藥」除罪化，但是該組織還是不會為鴉片開綠燈，可見類鴉片藥物濫用危機讓罌粟花以及鴉片酊承受了多大的汙名。時至今日，大家普遍認為反毒戰打了敗仗，但是根據違反毒品法而被捕的人數看來，今日彷彿重回到一九九七年：當時被捕人數是一百二十四萬七千七百一十三人；二〇一九年則是一百二十三萬九千九百零九人。若說反毒戰已經落幕，警方與緝毒局顯然尚未收到通知。

至於薩克勒家族以及他們執掌的普度製藥公司，司法讓他們付出了代價，至少一小部分的正義得以伸張。在二〇二〇年，薩克勒家族同意與司法部和解，根據和解協議，他們對刑事指控認罪，並同意支付八十三億美元罰款。在二〇二一年初，薩克勒家族提議追加四十二・七五億美元賠償金給州政府、市政府與部落，賠償他們因應類鴉片藥物濫用所支付的費用，並賠償受害者家屬。奧施康定一九九六年上市以來，已有數十萬人死於服用過量鴉片類止痛藥物。可惜薩克勒家族受到破產法的保護，加上律師與會計師的巧計，這些受害者家屬現在分文都拿不到，可能得等個數年，才能看到賠償金入袋。

至於吉姆・霍格希爾呢？他成功躲過牢獄之災，只判了罰金、從事社區服務，以及一年的緩刑。自此之後，他似乎發展得並不順遂，這是否與他和反毒戰之間的你來我往有關，我不確定。自一九九〇年代以來，他似乎未發表任何作品。根據我找到的資料，媒體最後一次提到他是二〇一四年，當時他因為西雅圖一篇文章而受訪，這篇文章探討西雅圖街上長期以車為家的遊民，這些人的「家」因為未支付停車費，面臨被政府扣押的威脅。吉姆和海蒂以露營車為家，該車也是長期停在街上，現在他們的戰鬥對象不是緝毒局，而是收費員。他告訴記者：「這是你完全淪落為無家可歸的遊民前必經的一步。」

第二篇

咖啡因

咖啡因被廣泛使用，稱得上是人類發展史的推手之一，一如懂得控制火、馴化動植物，都是幫助人類更上一層樓，讓自然狀態成爲可受人類控制，而咖啡因的例子，則是控制我們人類自己。

Caffeine

也許我在第一句話就承認這點並不恰當，畢竟這時候，你尚未決定該不該撥出一兩個小時關注我。不過我對這篇文章所做的研究進行至半途時，碰到了信心危機，讓我懷疑這主題是否有任何意義。我開始嚴重懷疑是否值得花時間和精力，寫篇關於咖啡因的長篇文章，我不解自己之前為什麼沒有停筆的想法。我遇到了難題。「我們都」遇到了難題。只不過你有選擇，但是我沒有。你至少可以選擇在這裡打住，不用繼續讀下去。

在信心危機發生之前，我一直開心地生活，進行採訪、閱讀大量科學書籍（結果發現，咖啡因是最常被研究的精神活性化合物之一）、鑽研歷史叢書（西方歷史進程因引入咖啡因而有了決定性轉變）；我也到南美洲訪問，參觀一個咖啡莊園，品嚐各種咖啡因飲料。然後突然像卡通《嗶嗶鳥》（*Road Runner*）裡的威利狼（Wile E. Coyote，又譯歪心狼）一樣，不經意往下看一眼時，發現腳下已沒有路可走。放眼所及，只有一大片的空蕩與荒涼。

「我到底在做什麼？」

或者問得更精準些，「我到底沒做什麼？」由於當時突然而徹底地不碰咖啡因，這幾乎肯定是導致這個報導計畫突然失去「艙壓」的主因。

多年來，我習慣早上飲用濃縮咖啡，然後一天會喝幾杯綠茶，吃完午餐偶爾會喝杯卡布奇諾。而今我卻戒掉了咖啡因。這不是我特別想做的事，但我不情願地得出結論——報導需要我這麼做。我採訪幾位專家，他們建議我，如果我先不戒掉咖啡因，然後再重新開始，怎能理解咖啡因在我生活的角色——無形卻又無處不在的影響力。羅蘭・葛里菲斯（Roland Griffiths）是研究改變情緒狀態藥物的世界頂尖專家之一，也是讓「咖啡因戒斷症」（Caffeine Withdrawal）被納入《精神疾病診斷與統計手冊》第五版（*The Diagnostic and Statistical Manual of Mental Disorders*，簡稱DSM—5）的最大推手，該手冊被譽為診斷精神疾病的《聖經》。葛里菲斯告訴我，直到他停止使用咖啡因並進行一系列自我實驗後，才開始了解自己與咖啡因的關係。他也力勸我這麼做。

拿開車打個比方。如果你不先停車、下車，從外面好好觀察車輛一番，你不可能精準描述你所駕駛的車輛。這道理可能適用於所有精神活化藥物（psychoactive drugs），對於咖啡因更是如此，因為一般咖啡族喝了咖啡因飲料後，與其說意識狀態被改變或扭曲，不如說變得正常與清醒。事實上，對我們大多數人而言，攝取咖啡因後的意識或多或少已成為人類的基準意識狀態（baseline human consciousness）。約九〇%的人口習慣攝取咖啡因，讓咖啡因成為世上使用最廣泛的精神活化物質（提神藥），也是唯一一種我們習慣性讓兒童食用的提神物質（來源大多是汽水、可樂）。鮮少人把咖啡因視為藥，更沒想過自己每天攝取咖啡因已至上癮程度。咖啡因如此普遍，所以大家容易忽視一個事實，亦即攝取咖啡因的意識狀態並非基準意識狀態，而是被改變的狀態。由於這碰巧幾乎是每個人共通的一種狀態，因而被漠視，成了隱形人。

所以我決定，為了這篇報導（也就是說，為了各位親愛的讀者），我將進行一次斷咖啡因的自我實驗。當我開始這個實驗時，我完全沒想到，因為放棄咖啡因，我報導咖啡因的寫作功力跟著大減，這是一個我完全不知該怎麼解的結。

也許我早該預見這個問題。科學家已證明，我自己也充分注意到戒斷咖啡因後可預見的症狀：頭痛、疲勞、嗜睡、注意力不集中、動機下降、易怒、重度鬱卒、喪失信心，以及焦躁（在天平的另一端則是亢奮）。這些症狀我都有，只是程度不一，但是在「難以集中注意力」這個看似溫和的標題下，其實隱藏了對作家寫作生命的威脅。

一個作家若無法集中精神，你怎能指望他寫出東西？這幾乎是每一個作家會做的事：以花團錦簇的大千世界以及身在其中的體驗為主題，用文字把它們化繁為簡、去蕪存菁至可駕馭的比例，然後一個字一個字地透過語法針眼，把它們縫出來成為作品。任何人能完成這個心智壯舉都堪比奇蹟，或者這麼說吧，至少在戒斷咖啡因的第三天，能做到這點堪比奇蹟。不過儘管作家希望自己能勇於挑戰這難如登天的懸崖，但在奮力攀爬之前，還是得具備信心，覺得自己有充分的行動力和體力，才能繼續前進。如果信心只是錯覺，也沒關係。總之要覺得自己有全世界都想聽的故事，以及只有自己有能力把它講出來，這正是你成功說出故事所需要的一切。要完成壯舉，很大程度得仰賴這種精神上的膨脹（tumescence），請原諒我用了男性化隱喻。我發現，倒頭來，精神膨脹很大程度得靠一、三、七—三甲基黃嘌呤

（1, 3, 7-trimethylxanthine），別名咖啡因，是大多數人所熟悉的有機小分子。

我戒掉咖啡因的第一天（始於四月十日），是迄今為止最難熬的一天，以至於寫作，甚至只是閱讀，立刻歸零，毫無進展。在此之前，我盡可能推遲戒咖啡因的日子，和每個成癮人士一樣，編造各種藉口。「高壓的一週將登場，」我這麼告訴自己：「也許現在不是戒癮的時候。」想當然耳，沒有所謂戒癮的「恰當時機」——總是有理由稱自己需要喝咖啡保持清醒，以及禁不起戒癮後可能出現研究員所指的「類感冒症狀」。一如鄉村歌手吉蓮．維爾奇（Gillian Welch）輕聲唱出「我想做正確的事，但不是現在。」這歌詞就是我的寫照：一天拖過一天，一延再延。每一次的寫作工程，一開始我都會拖延，只不過這次延宕了數週。最後我發現自己已被逼得走投無路，因為已沒有報導要寫，而橫亙在我和坐下來專心寫作之間的障礙，就只剩戒掉咖啡。偏偏戒咖啡會讓我無法寫作。

我選定一個日期，決心堅持到底。

到了四月十日星期三早上。我採訪的研究專家指出，戒斷過程實際上是從前一晚我睡覺的時候開始的，亦即咖啡因日夜效應圖（graph of diurnal effects）的「低谷」時期。每天喝的第一杯茶或咖啡能讓你獲得咖啡因最大的功效——快樂！與其說，這是咖啡因具備讓人愉悅以及提振精神的特性，不如說，它抑制了戒斷後的一系列症狀出現。這也是咖啡因陰險之處。咖啡因發揮作用的方式，亦即「藥效學」（pharmacodynamics），和人體的節律完美契合，因此早上喝一杯咖啡正是時候，抑制昨晚睡覺時開始蠢蠢欲動的負面情緒。咖啡因日復一日，毛遂自薦自己就是解決咖啡因戒斷症狀的最佳方案。多麼聰明（陰險）的設計啊！

我和朱蒂絲每天早上在家吃完早飯以及運動後，習慣走半英里路「去買咖啡」（walk to coffee），一如現在房地產經紀人也愛將「喝咖啡」掛在嘴上。因為某些原因，我們夫妻從不在家煮咖啡，習慣到當地販售麵包與乳酪的商店「乳酪坊」（Cheese Board）買杯熱咖啡，咖啡裝在瓦楞紙杯裡，紙杯外包著隔熱杯套（浪費！我知道），拿在手上對著杯蓋口慢慢啜飲。為了欺騙自己一切如常，我讓早上一切的例行活動維持不變——走下山，要求熱飲裝在有隔熱套的紙杯裡。只不過今早走到收銀台時，我強迫自己買一杯薄荷茶，而非平常慣點的咖啡因減半的大杯熱咖啡。（沒錯，我的咖啡因攝取量相對偏低。）由於多年的「習慣」，這次破例點了薄荷茶，不禁讓咖啡師愣了一下。我抱歉地對他說：「我正在戒咖啡。」

四月十日的早上，以往靠咖啡因揮棒，驅散龍罩意識層的精神迷霧，但今天迷霧始終不散，一直跟著我。雖然我沒有覺得很難過（完全沒有出現嚴重頭痛），但整天都昏昏迷迷，神智不清，彷彿有層面紗隔在我和現實之間，像個濾波器，濾掉某些波長的光與聲音。我在筆記本上寫道：「相較於平日，意識沒有那麼清醒透明，彷彿空氣變厚了，導致一切都慢了下來，包括感知。」我還是可以勝任一些工作，但是無法專注。我寫道：「感覺自己像是沒有削尖的鉛筆。有東西從周邊入侵進來，讓人無法忽視。我無法集中注意力超過一分鐘，難道這就是罹患過動症與注意力不集中（ADD）的感覺嗎？」

中午左右，我哀嘆咖啡因從我生活中消失，不知這現象會維持多久。我對朱蒂絲所謂「裝了樂觀的杯子」（cup of optimism）太念念不忘了；德國傑出自然科學家亞歷山大・馮・洪堡（Alexander von Humboldt）則稱之為「濃縮的日照」（concentrated sunshine，洪堡有一隻鸚鵡，取名雅各，只會說這句人話：「還要咖啡、還要糖」。）儘管到了這時刻，我已經可以將就接受消沉、不樂觀的態度，但是「我念念不忘的並非陶醉或亢奮的狀態，而是簡單、每天正常運作的意識狀態。這是我的新底線嗎？天啊，希望不是。」

接下來幾天，我的確開始覺得好一些，如迷霧的面紗揭開了，但是我仍然不完全是原來的我，世界也不完全是原來的世界。那週接近尾聲時，我覺得不能把自己的精神狀態（以及令人失望的產出量）一股腦兒歸咎於咖啡因戒斷，但是在進入戒斷的新常態下，世界對我而言，好像變得乏味，我自己也變得更無趣。早晨的狀態最糟。我漸漸看清，咖啡因擔綱生活中不可或缺的角色，因為睡眠期間，意識會變得混沌，因此隔天睡醒後，需要咖啡因幫我們提神、恢復清醒意識。戒了咖啡因後，我每天花在重新歸於完整（亦即削尖意識這枝鉛筆）的時間，比平時多很多，而且一直覺得沒有做到完全。我開始覺得，咖啡因是打造自我的必要成分，而今因為缺乏這個營養成分，或許可以解釋為什麼我覺得寫這篇文章（以及再寫其他任何文章），似乎是難以克服的挑戰。

我剛剛一直在談論咖啡因，一種有機化合物。不過實際上，我們真正討論的對象是植物，或者應該說兩種植物：咖啡樹（學名Coffea）與茶樹（學名Camellia sinensis），在兩者的演化過程中，成功分泌出咖啡因這種恰好能讓大多數人類上癮的化合物。*這是一個驚人的成就，然而這並非咖啡樹與茶樹的初衷——演化不是按表操課，而是大量的盲打誤撞，過程中，偶爾瞎貓碰死耗子成功演化，不僅更能適應環境，並獲得可觀的回報。一旦咖啡因這分子找到管道進入人類的大腦，這些植物與人類的命運發生了重大變化。

這種適應力實在太厲害，讓咖啡樹與茶樹的數量和棲息地出現驚人成長。以咖啡樹為例，之前的分布範圍限於東非與阿拉伯半島南部的幾個角落，隨著咖啡對人類的吸引力日增，咖啡樹的勢力範圍跟著遍布全球，但仍以熱帶的高原地區為主，觸角從非洲延伸至東亞、夏威夷、中美洲、南美洲，至今種植面積已超過兩千七百萬英畝。茶樹原產於中國西南部（靠近今天的緬甸和西藏），然後向西擴及至印度，往東延伸至日本，種植面積超過一千

* 除了咖啡樹與茶樹，其他植物也會分泌咖啡因，但是數量較少，包括可樂樹、可可亞、耶巴瑪黛茶（yerba mate）、瓜拿納（guarana）與冬青樹（yaupon holly），美國南方人如果買不到茶葉或咖啡，會以冬青代替，以免咖啡因斷炊。

萬英畝。咖啡樹與茶樹是世上最成功的兩種作物，重要性與可食用的草本植物（稻米、小麥、玉米）齊名。稻米等三種植物不負眾望提供我們人類所需的熱量，因而得到人類力挺，相較之下，咖啡與茶之所以能取得稱霸世界地位的門票，涉及到更抽象的現象以及非必需品的地位：兩者都可以用我們渴望又實用的方式，改變我們的意識狀態。再者，不同於咖啡與茶，我們幾乎餐餐吃進米麥等種子，提供身體所需的熱量。至於咖啡樹與茶樹，我們要的只是它們的咖啡因分子，以及咖啡豆和茶葉提供的獨特香氣。所以大部分的咖啡渣與茶葉渣最後會落腳在垃圾掩埋場，而非我們的肚子裡，只不過扔掉它們之前，我們會稍稍減輕它們龐大生物量（biomass）的重量。這些最有價值的農產品成噸成噸地從熱帶地區運送到高緯度地區，然後被短暫地浸泡在熱水裡，泡過的咖啡渣與茶葉最後被隨手一扔。費心把咖啡豆與茶葉運送到世界各地，難道只為了改變水的味道？這在生態上是不是很荒謬？

咖啡與茶會分泌咖啡因分子是有理由的，一如植物會自製所謂的次生代謝物（secondary metabolites），目的是為了防範害蟲。高劑量的咖啡因可以殺死昆蟲。此外，咖啡因的苦味也會讓昆蟲避而遠之。咖啡因似乎還具備除草劑的特性，可抑制附近和它競爭的植物，阻止它們的幼苗生根或是抑制它們的種子發芽。

植物自製的精神活性分子中，許多含有毒性，但是正如帕拉塞爾蘇斯（Paracelsus）的名言，劑量決定是毒還是藥。某個劑量可能有殺傷力，但是另外一個劑量也許會發生有趣而微妙的事。這衍生出一個有趣的問題：為什麼植物自製的防禦性化學物質中，大多數的劑量能讓動物精神為之一振而不至於讓其喪命？有一派理論主張，植物不見得想殺死它的攻擊者，只是想解除攻擊者的武裝。誠如植物與昆蟲之間的自然史所示，植物自製抗蟲害的防禦性化合物，昆蟲升級軍備與之對抗，但是植物直接殺死攻擊者不見得是最好的辦法，因為久而久之攻擊者會產生免疫力，導致毒素失效。與其直接殺死攻擊者，不如成功地擾亂攻擊者，比如讓它無法專心地吃大餐，或是破壞它的胃口（像許多精神活化化合物一樣），這對植物可能更有利，因為既可以自救，同時也保留毒素的防禦力。

其實咖啡因確實會降低昆蟲食慾，讓昆蟲大腦錯亂（無法正確傳遞與接收訊息）。在一九九〇年代，美國太空總署（NASA）進行一項特殊實驗，研究員餵食蜘蛛各式各樣的精神活化物質，觀察這些物質是否會影響蜘蛛的織網技術。結果吃了咖啡因的蜘蛛織出奇怪的立方體，而且完全無用的蜘蛛網，不僅角度歪斜，網孔也大到足以讓鳥飛過去，沒有對稱性，也找不到中心點。（相較於吸食大麻或LSD迷幻藥蜘蛛所織出的網，這張咖啡因蜘蛛網更詭異。）「嗑藥」的昆蟲與嗑藥的人類一樣，會做出魯莽衝動之舉，因而吸引鳥類和其他掠食者注意，後者開心地聽從植物吩咐，把這些「嗑藥」後亂舞或是踉蹌的蟲子捉了吞下肚。

人類利用植物自製的化學物（又名生物鹼）改變意識狀態。其實多數生物鹼一開始是為了防禦攻擊者，不過即便在昆蟲界，劑量（濃度）決定生物鹼對昆蟲是毒或不是毒，如果劑量夠低，用於防禦攻擊者的生物鹼可能有截然不同的目的：吸引昆蟲，確保昆蟲成為一來再來的忠心耿耿授粉者。這似乎正是蜜蜂和一些會自製咖啡因植物之間的寫照，兩者的共生關係透露一些重要訊息，得以進一步了解我們人類與咖啡因之間的關係。

故事始於一九九〇年代，當時德國研究員意外發現，有幾個品種的植物（不僅是咖啡與茶，也包括柑橘科〔Citrus family〕還有其他幾種植物屬）的花蜜會分泌咖啡因，作用是吸引昆蟲而非驅趕昆蟲，這是演化出現意外（咖啡因不小心從植物其他部位滲漏出來）？還是略帶邪惡的一種適應力？

英國教授傑羅爾丁．萊特（Geraldine Wright）在偶然情況下，發現這篇德國論文，當時她是英格蘭新堡大學年輕講師，從植物學家跨界成為昆蟲學專家，現在則在牛津大學的動物學系任教。她告訴我：「我們當時不知道咖啡因為何會出現在花蜜上。」因此她在二〇一三年進行簡單又不貴的實驗，希望能找到答案。她誘捕一群蜜蜂，然後用「緊身衣」固定牠們，讓牠們不能亂動，只能把頭伸出無頂的巢口（該巢口約一隻蜜蜂的大小，所以稱緊身衣。）萊特用滴管餵食蜜蜂不同的糖水，糖水摻了濃度不一的咖啡因，有些糖水則完全不含咖啡因。每次她餵食蜜蜂一滴「假花蜜」時，也會噴一些香氣，目的是想知道蜜蜂會多快學會將這種香氣和有東西可吃（獎酬）聯想在一塊。

對於實驗裝置，她指出：「真得很簡單，技術含金量低，也不需要資金。」好吧，但是你要如何確定蜜蜂對食物的偏好？「這也很簡單，」萊特說：「如果牠們想吃什麼，就會伸出口器和舌頭。」

萊特發現，蜜蜂較能記住含咖啡因花蜜的氣味，勝過純糖水的花蜜氣味。（她的研究結果發表於二〇一三年《科學》期刊，取名〈花蜜中的咖啡因強化授粉昆蟲對獎酬的記憶〉。）即使咖啡因濃度低到蜜蜂嚐不出來，但只要花蜜含咖啡因，就足以協助蜜蜂快速學習，記住該花朵的香氣，進而對該花朵產生偏好，漠視其他花朵。

你可以看到為什麼咖啡因對花那麼重要：它讓授粉昆蟲記住這種花，並專情於這種花，頻頻回來光顧它。正如萊特在該研究報告中所言，含咖啡因的花蜜會「讓授粉者更專情」，也就是授粉昆蟲與花朵之間有「忠貞不二的關係」。你讓授粉者吃到低劑量的咖啡因，後者會記住你這朵花，然後更頻繁地回來找你，選擇你而漠視其他植物，因為後者無法提供同樣的刺激。

其實我們不知道蜜蜂吃了咖啡因後，是否有任何感覺，只知道咖啡因有助於增加牠們的記憶力，這點似乎對人類也有異曲同工之妙。所以接下來的實驗，經費更龐大，設備與裝置更講究，也包括把人造花置於更逼真的環境裡。研究結果與萊特的發現幾乎一致：蜜蜂會記住含咖啡因花蜜的花朵；蜜蜂會一再回來在這些花朵上採蜜。更重要的是，咖啡因的影響力之大，就算這些花已經不再流蜜，蜜蜂也會繼續回來找這些花。這個實驗由馬格麗特．J．庫維隆（Margaret J. Couvillon）主持，她在二〇一五將結果發表於《當代生物》（*Current Biology*），文章標題是〈含咖啡因花蜜誘惑蜜蜂增加採蜜次數以及招募同伴的行為〉，這實驗提出了一個合理的問題：授粉者與自製咖啡因植物之間相互配合、共同演化的過程中，誰受益更多？答案似乎是植物。

庫維隆的研究顯示，蜜蜂記得以及專情於這些分泌咖啡因的花朵，因此會增加「覓食頻率、跳擺尾舞的機率與頻率、堅持不懈到該特定地點採蜜的頻率，回到蜂巢後號召其他蜂群出動，因此飛到該蜜源的蜂群驟增四倍。」亦即她估計，飛到含咖啡因蜜源的蜜蜂數量是飛到僅含花蜜蜜源數量的四倍。但是蜜蜂見獵心喜的亢奮心情超過了咖啡因蜜源對牠們的實質好處，可見這樣的安排並不合理：「咖啡因讓蜜蜂高估了蜜源質量，吸引蜂群一直到次級品的蜜源採蜜」，這策略可能導致「蜂蜜產量下降」，因為蜂群堅持回到含咖啡因的蜜源採蜜，即便這些蜜源早已不再流蜜。庫維隆的結論指出，「這讓授粉者與植物之間的關係不再是互利關係，更像是剝削關係。」植物提供咖啡因給蜜蜂，「猶如讓蜜蜂嗑藥，改變蜜蜂這個授粉者對蜜源質量的感知，進而改變蜜蜂的個別行為。」這是熟悉又讓人害怕的故事：一個容易上當受騙的動物，被某植物聰明的神經活化化合物所騙，做出損其利益的行為。

接下來浮出一系列讓人不安的問題：我們人類會不會和那些倒楣的蜜蜂同病相憐？我

們是否也被含咖啡因的植物所騙？不僅會聽其擺布，也會在這過程中做出損及自己利益的行為？在我們與自製咖啡因植物的關係裡，誰受益最大？

是可透過幾個方式解析這些問題，但不妨先回答以下另外兩個問題：人類發現咖啡因對人類文明是福還是禍？以及對我們人類這個物種而言，是福還是禍？（兩者恐怕不能相提並論）。

有關咖啡因的歷史，可從有文字記載的歷史裡尋找答案，畢竟人類與咖啡因的結緣竟然是最近才有的事。難以想像西方文明在十七世紀之前，對於咖啡和茶完全無知；例如在英格蘭，咖啡、茶、巧克力（亦含有咖啡因）直到一六五〇年代才出現，因此我們多少可以了解咖啡因出現前和出現後的世界有何差異。早在十七世紀之前，咖啡在東非已被發現了數百年：據信西元八五〇年在東非的衣索比亞發現了咖啡。但是咖啡因的歷史遠不及其他精神活化物質，例如酒精、大麻、致幻劑（包括裸蓋菇素、死藤水、烏羽玉仙人掌等），後者在人類的文化裡發揮了數千年作用。茶的歷史也比咖啡悠久，起源於中國，一開始作為藥物，至少歷史可追溯自西元前一千年，但是直到唐朝（西元六一八年至九〇七年），茶才開始普及，角色也從藥變成休閒飲料。

咖啡因抵達歐洲後，改變了……一切，這說法一點也不誇張。我知道，這聽起來像在說大話，但是我們常聽到其他的「物質文化」（material culture）發展也有類似說法，例如

X或Y被發現後（譬如來自新世界的商品、發明或創新），如何「締造現代世界」。這往往意味X或Y的出現，對於經濟、日常生活，或是生活水平產生了翻天覆地的影響。咖啡因分子一旦進入攝食者體內，能迅速到達體內幾乎每一個細胞，同理，咖啡和茶造成的影響和改變，也發生在更基層——人類的意識層。咖啡和茶打開意識變天的按鈕，讓酒後昏沉的頭腦變得清醒，讓身體得以擺脫配合太陽晝夜的自然節律，讓全新的工作型態成為可能，影響所及，也出現全新的思維。咖啡因讓歐洲出現了意識新形式，並進一步影響全球貿易、帝國主義、奴隸交易、工作環境、科學、政治、社會關係等方方面面，甚至可以說影響了英語散文的節奏。

據說人類與咖啡植物得以結緣，係因衣索比亞一位牧羊人。當時的衣索比亞是非洲少數幾個能長出大量灌木的地方。這位善於觀察的牧羊人叫卡爾迪（Kaldi），生在第九世紀，他發現自己的羊群吃了阿拉比卡種咖啡樹（Coffea arabica）長出的紅色漿果後會出現異常行為，而且整夜亢奮不睡。卡爾迪把他觀察到的現象告訴當地修道院的院長，院長用這些紅色漿果自製了一種飲料，結果發現咖啡可提神的特性。

這故事也許不假，但我們確實知道，在十五世紀左右，東非已種了咖啡，咖啡交易遍及阿拉伯半島。一開始，咖啡這種新飲料被認為有助於集中注意力，葉門的蘇菲派教徒喝咖啡以免在宗教儀式上打瞌睡。（茶也是提神飲料，讓佛教僧侶在長時間靜坐冥想時努力保持清醒。）不到一百年的時間，咖啡館林立，遍及阿拉伯世界的大小城市。在一五七〇年，光是君士坦丁堡的咖啡館就有六百多家，隨著奧圖曼帝國擴張，咖啡館也繼續往北以及往西擴散。這些新增的公共空間是新聞與八卦的溫床，也是人群聚在一起觀看表演與聚賭的場地。咖啡館是相對自由的場所，裡面的對話經常脫離不了政治，因此政府與教會的當權者在幾個不同時期，企圖勒令咖啡館關門，但關得了一時，卻禁不了太久，甚或經常無功而返。（在一五一一年，一大桶咖啡成了被告，在麥加受審，罪名是有讓人沉醉的危險。不過咖啡被定罪以及被禁的判決很快被開羅的蘇丹推翻。）捍衛咖啡人士所言的確不假，稱《古蘭經》裡找不到任何禁止咖啡的經文。由於《古蘭經》嚴禁飲酒，所以咖啡順理成章在伊斯蘭世界成了酒精的替代品，暱稱「kahve」，阿拉伯文的意思大約是「阿拉伯的葡萄酒」。咖啡在某種程度上被視為與酒精水火不容，這觀念在東方與西方持續不墜，並延續至今，導致大家普遍誤以為喝黑咖啡可以解宿醉。

這時的伊斯蘭世界在許多方面（包括科學、技術、新知等等）都比歐洲先進。這種精神上的盛放是否與咖啡普及（以及禁酒）有關，難以考證。但是德國歷史學家沃爾夫岡．希維爾布許（Wolfgang Schivelbusch）指出，咖啡「似乎是為禁酒文化量身定做，並催生了現代數學。」在中國，唐朝人酷愛喝茶，恰好是中國的黃金盛世。此外，咖啡因傳到歐洲後產生的深遠影響，也讓咖啡因與盛世的因果關係有了一定的合理性。

歐洲人長期以來就深受「東方」的異國生活風吸引，因此咖啡這種墨黑色熱飲，立刻點燃他們的好奇心。一位威尼斯人在一五八五年前往君士坦丁堡，發現當地人「習慣在店裡以及街上公開飲用一種黑色熱飲，熱騰騰到幾乎燙嘴。這種熱飲是從名為「Cave」的種子中萃取而成……據說有助於保持頭腦清醒。」飲用還冒著煙的熱騰騰飲料本身就具有異國情調，事實上，這正是咖啡與茶賜予人類的最重要禮物之一：沖泡咖啡與泡茶之前得先燒水，意味這飲料非常安全。（在咖啡之前，安全飲料是酒，酒比水衛生，但不如咖啡或茶安全。咖啡因飲料中的單寧酸也有抗微生菌的特性。）咖啡與茶對公共衛生的貢獻，還有助於解釋何以接受全新熱飲的社會比較繁榮發達，因為微生物導致的疾病減少了。

在一六二九年，歐洲第一家仿阿拉伯式的咖啡館出現在威尼斯。一六五〇年，英國第一家咖啡館在牛津開張營業，老闆是猶太移民，將咖啡館取名為「雅各，一個猶太人」（Jacob the Jew）。隨後不久，倫敦也有了咖啡館，而且數量暴增：短短數十年之內，倫敦開了數千家咖啡館；在鼎盛時期，平均每兩百個倫敦人就有一家咖啡館。

與伊斯蘭世界一樣，歐洲人多半也在公共的咖啡館喝杯咖啡——咖啡館是充滿活力的社交場合，當天的新聞（涵蓋政治、財經、文化）與咖啡一樣有吸引力。咖啡館成為獨特的民主公共空間；在英格蘭，這是唯一可以讓不同階級的人打成一片的空間。所有人都可以愛坐哪兒就坐哪兒。但是只有男性（至少在英格蘭）可以入內，以致有人開玩笑地警告，咖啡大受歡迎，「讓整個種族面臨絕種的危機」。（法國的咖啡館倒是歡迎女性上門）。相較於酒館，咖啡館也是注重禮貌的場所，如果你在咖啡館鬧事或吵架，你得請店裡每一個人喝一杯。

稱英國咖啡館是新型態的公共空間有失偏頗。正確的說，咖啡館應是新型態的溝通平台，只不過靠磚瓦撐起平台，而非電力與纜線。你在這裡花一便士買杯咖啡，還可免費閱讀館裡提供的資訊（包括報紙、書籍、雜誌、與人交談）。咖啡館往往被暱稱為「一便士大學」（**penny universities**）。法國作家馬克西米利安・米森（Maximilien Misson）去過倫敦的咖啡館後寫道：「你可以在那裡獲得各種新聞；室內有溫暖的爐火，你可以坐在旁邊，想坐多久就坐多久：享受一杯咖啡，和朋友見面聊生意，一切只要一便士。當然，你若願意，也可以多花幾個銀子。」

倫敦咖啡館各具特色，因為顧客的職業或感興趣的知識各異，以至於咖啡館最後各自有專門的身分別。例如，商人以及對航海感興趣的顧客會聚集在勞伊德咖啡館（Lloyd's Coffee House）。這裡你可以獲悉哪些船隻要出港或進港，以及為你的貨物購買保險。勞伊德咖啡館最後成為倫敦勞伊德保險經紀公司。同樣地，股票交易也萌芽於倫敦的強納森咖啡館，該址後來成為倫敦證券交易的原址。學識淵博的知識分子以及科學家（當時稱為自然哲學家），喜歡聚集在「希臘人」咖啡館（Grecian），該咖啡館與英國皇家學會院士頗多交集；艾薩克．牛頓與愛德蒙．哈雷（Edmund Halley）曾在此辯論物理與數學，據說牛頓有次還在這裡解剖過一隻海豚。湯姆．斯丹迪奇是《歷史六瓶裝：啤酒、葡萄酒、烈酒、咖啡、茶與可樂的文明史》（*A History of the World in 6 Glasses*）的作者，其中三樣——咖啡、茶與可樂剛好含咖啡因。他寫道：「咖啡館為社會、知識圈、商業、政治交流提供了全新的環境」，稱倫敦的咖啡館是「科學和金融革命的熔爐，塑造了現代世界的樣貌。」

文學圈才子則喜歡聚集在科芬園裡的威爾咖啡館或巴頓咖啡館，這裡你可能會遇見約翰．德萊頓（John Dryden）或是亞歷山大．波普（Alexander Pope）。波普的詩作〈秀髮遇劫記〉（The Rape of the Lock）就是以咖啡館的八卦為素材。其中第三篇（Canto III）向咖啡的影響力致敬，稱「咖啡讓政治人物頭腦變靈光」，也提供重要的情節轉折點（plot point）：「咖啡的熱氣讓男爵動了新主意／想劫那光芒四射的秀髮。」一些文評家認為，咖啡館文化改變了英國的散文，影響力歷久不衰。咖啡館常客，包括亨利．菲爾丁（Henry Fielding）、強納森．史威夫特（Jonathan Swift）、丹尼爾．狄佛（Daniel Defoe）與勞倫斯．斯特恩（Laurence Sterne）等作家，把英語口語的節奏寫入散文裡，顯示徹底告別了之前英語散文的形式。

儘管倫敦的咖啡館因常客的興趣別而各具特色，但因為顧客常會從一家咖啡館轉台到另外一家咖啡館，讓咖啡館之間有了連結，顧客不僅交流新聞，也會散布流言和閒語，透過咖啡館網絡，這些消息傳得比其他任何媒介還快。

英國歷史最悠久的老牌雜誌《尚流》（*The Tatler*）在一七〇九年於「希臘人」咖啡館創刊，嘗試把倫敦多采多姿的咖啡館文化形諸於文字。雜誌分幾個部分，每個部分涵蓋不同的主題，並根據與主題相關的特色咖啡館命名。《尚流》的總編輯理查·史提爾（Richard Steele）在某期中寫道：「有關膽量、歡悅、消遣娛樂等報導，歸在『懷特巧克力館』一欄；詩作歸在『威爾咖啡館』一欄；學習歸在『希臘人咖啡館』；國內外新聞歸在『聖詹姆士咖啡館』。」

在十七世紀的英國，並非每個人都歡迎咖啡或咖啡館。醫界人士辯論咖啡是否有利發燒的身體。女性極力反對男人把時間消磨在咖啡館裡。一六七四年印製的小冊子《女性反對咖啡請願書》裡，陳情女性指出，「讓男人欲振乏力的咖啡」榨乾老公的性能力，「導致他們像沙漠一樣不結果實，據說這種讓人不開心的果實（咖啡豆）就是從那貧瘠的沙漠進口來的。」

這個小冊子的副標題直接而不含糊——「來自千千萬萬豐滿好女人的謙卑陳情和心聲，我們需求若渴，因得不到滿足而萎靡。」男人在咖啡館消磨太多時間，喝了太多咖啡，回到家，「除了關節，其他都硬不起來。」男性不甘示弱，也印了小冊子回擊，稱「無害且有療效的飲料……讓男性更展雄風、射精更有力，（並）為精子增加靈性。」妳們這份請願書抱怨的任何問題，可能是「妳丈夫天生病弱」，或者可能是「妳自己不斷壓榨他，而非他喝了咖啡之故。」

十七世紀因為咖啡掀起的兩性戰爭，導致西方將茶與女性化以及家庭生活聯想在一塊，而且這聯想一直延續到今天。儘管倫敦人可在咖啡館點杯熱茶，但是直到一七一七年湯馬斯・唐寧（Thomas Twining）在倫敦河岸街（the Strand）自家「湯姆咖啡館」的隔壁開了間茶館，才有了專門喝茶的茶館。茶館歡迎女性試喝店裡提供的各種茶品，然後買茶葉回家自己泡。多虧唐寧茶館的創新服務，茶成了英國更受歡迎的咖啡因飲料，同時也受到中上階層女性的追捧，開始發展出豐富的飲茶文化，包括茶會、矮桌貴族下午茶（low tea）、高桌平民下午茶（high tea）、一整套精製茶具（包括陶瓷茶杯、白瓷茶杯、茶匙、茶壺保溫套）以及專門為下午茶設計的茶點。（由女性帶頭提倡的禁酒運動，鼓吹喝茶取代琴酒，後來鞏固了茶在西方的女性化形象。）

女性並非反對喝咖啡的唯一聲音。倫敦咖啡館的話題經常圍繞政治打轉，澎湃激昂的言論自由讓政府不悅，尤其是一六六〇年君主制復辟後，英王查理二世擔心民眾在咖啡館醞釀造反陰謀，深信咖啡館聚集了煽動叛亂的危險分子，決定出手打壓。在一六七五年，查理二世動議關閉咖啡館，理由是咖啡館傳播「虛假、惡意、汙衊不實的報導」，「擾亂英國的寧靜與和平」。就像其他會改變個人意識狀態的化合物一樣，咖啡因被體制與當權者視為威脅，於是遭到箝制與打壓，這也預告了反毒戰爭即將到來。

不過查理二世對咖啡之戰只維持十一天。他發現，咖啡熱潮已在社會成形，要扭轉為時已晚。當時咖啡館已成為英國文化以及日常生活不可或缺的一分子（倫敦許多名人已倚賴咖啡成癮），所以許多人根本無視查理二世的命令，繼續開心地喝咖啡。查理二世害怕自己的權威禁不起檢驗（也擔心揭露真相，發現自己無權威可言），因此悄悄收回成命，在第十一天後發布了第二份公告，稱「基於王室的考量以及王室的同理心」，撤回第一份公告。

在法國，咖啡館也成了煽動叛亂的同義詞，並在一七八九年法國大革命等連串事件發揮了決定性角色。法國史學家朱爾．米榭勒（Jules Michelet）寫道：那些「每天聚集在普羅柯佩咖啡館（Café de Procope）的民眾，用犀利之眼，看到在黑色咖啡底部，反射出那年大革命的光芒。」也許是這個原因，巴黎的咖啡館充滿各種陰謀。偏愛聚集在福伊咖啡館（Café de Foy）的民眾被政治記者卡米耶．德穆蘭（Camille Desmoulins）能言善辯的口才說服，變成衝進巴士底獄的暴民，他們變成暴民，不是因為喝了酒，而是因為咖啡因。

難以想像，在法英咖啡館醞釀政治、文化、知識等思想的現象，竟然起源於小酒館。若說酒精助長酒神戴奧尼索斯（Dionysian）的傾向，那麼咖啡因則催生了太陽神阿波羅的特性。很早以前，有人就發現，理性主義浪潮的興起與咖啡這個時尚新飲品有關。米榭勒寫道：「自此酒館跌落寶座。」這肯定是誇大其詞，因為葡萄酒與啤酒並未消失，不過這時歐洲人的心智（mind）已擺脫酒精的束縛，自由地醞釀新思潮，有關這點，咖啡因擔任了推波助瀾的角色。你可以辯論誰先誰後，但是中世紀期間，靠酒精催生的神奇思維，在進入十七世紀後，開始被理性主義精神以及稍晚的啟蒙主義思維所取代。米榭勒續道：「咖啡這種醒腦的飲料，是大腦的強效營養品，不同於其他烈酒，咖啡能讓腦袋專注與清晰；能清除遮住想像力的烏雲以及減輕陰霾的重量；也能突然閃光照亮事物的真實面貌。」能清晰地看見「事物的真實面貌」。簡言之，這就是理性主義。一如顯微鏡、望遠鏡與筆，咖啡也是洞見事物真實面貌不可或缺的工具之一。但是不同於其他工具，咖啡會被大腦與心智「吸收」，德國歷史學家沃爾夫岡．希維爾布許寫了本有關興奮劑與麻醉品的精彩著作《味覺樂園》（*Tastes of Paradise*），稱：「有了咖啡，理性的原則進入了人類的生理，將其轉化為符合自身的需求。」

英法兩國的知識分子熱愛咖啡，也許是因為咖啡的新鮮感以及咖啡的影響力。新藥（咖啡）上市，老愛強調無所不能的神奇功效，因此往往被認為有驚人特效而被過度服用。大文豪伏爾泰是咖啡的狂粉，據說每天牛飲七十二杯。咖啡以及咖啡館也協助啟蒙運動作家完成浩大工程，例如法國思想家德尼．狄德羅（Denis Diderot）在普羅科普咖啡館編纂了《百科全書》這套巨著。我們大可以說，在小酒館絕對不可能完成《百科全書》。

法國作家歐諾黑．德．巴爾札克（Honoré de Balzac）深信，他得以寫出大量的文學作品，得以發揮想像力，咖啡功不可沒，他徹夜咖啡不斷，在一本又一本的小說裡，紀錄人間的喜劇，最後他對咖啡因產生了耐受性，以致於乾脆不加水稀釋，有了自己獨特的乾咖啡喝法：

我發現一個駭人、殘忍的醒腦絕招，只敢推薦精力過人的人嘗試。做法不難，只須把咖啡磨至超細、咖啡粉劑量要多、不加水，空腹入肚。咖啡進入胃部，胃囊裡天鵝絨般的胃壁，上面布滿吸盤與乳突。咖啡發現胃囊空無一物，開始折騰脆弱的胃壁組織……火花直衝腦門，巧思浮現。

對巴爾札克而言，咖啡的效果在於把大腦變成了戰況激烈的戰場，馳騁的想像力在大腦裡互相較勁：

從那一刻，一切開始動了起來。想法進入疾馳狀態，猶如一支急行軍進入傳說中的作戰位置，激動咆哮。記憶衝鋒陷陣，高舉鮮艷的旗幟；隱喻騎兵團氣勢磅礡；邏輯猶如炮兵一馬當先，帶著炮車與彈藥，轟隆而過；在想像力的指揮下，狙擊手瞄準射擊，彈無虛發；

形式、形狀、人物紛紛登場；墨跡在紙張上傾瀉……

大家也許不意外，何以巴爾札克能精闢寫出重度咖啡成癮者的心聲，他寫道：

心裡彷彿播放一部動畫片，主角是憤怒：他提高音量；姿態與動作透露病態式的急性子；他希望一切能按照他所想的速度進行；他變得粗魯、動不動就發脾氣；他以為其他人跟他一樣清醒。因此像這樣「被咖啡因刺激而精神百倍」的一個人（a man of spirit），必須避免出現在公共場合。

生活在咖啡普及的文化裡是一回事，畢竟大家腦子的運轉速度差不多。但是如果你的腦子轉得特別快那又另當別論，畢竟其他人在你眼裡，猶如火車月台上一動也不動的人，你在咖啡因不耐煩的雲霧籠罩下，驚鴻一瞥月台上一片模糊的過客。

我戒斷咖啡將近三個月後，巴爾札克對於咖啡因重度成癮的描述讓我心有戚戚焉。我真覺得自己就是那個在月台上靜止不動的身影，透過火車窗羨慕地瞥見裡面啜飲咖啡的人疾馳而過。

幾週後，我戒斷咖啡因導致的精神失能現象已減緩，可以再次直線思考，大腦亦能保留抽象概念兩分鐘以上，注意力得以集中。我逐漸恢復自信，覺得完成這篇報導應該沒問題。戒斷一個月後，我又可以恢復寫作。你可以據此評斷我的進展是好是壞，但至少我往前走了，並非原地不動。只不過我仍嫌自己的心智反應有些慢，尤其是和喝咖啡或喝茶的人同聚時。偏偏這種情況隨時隨地都在發生。我記得大學時，我交了一個女朋友，她從小家裡沒有電視，因此她錯過了很多經典台詞、笑話、典故，以致於有時候我們覺得她像個外國人，同理，她也覺得我們和她是兩個世界的人。當時我和她有一種隱約但錯不了的隔閡，最近幾天，那種感覺又回來了。

以下是我失去也懷念的日常：懷念咖啡因以及被咖啡儀式安排的日子，特別是早上。咖啡和茶可左右精力的高低節奏，隨著咖啡因的起伏，精神也跟著潮起潮落。相較於咖啡和茶，花草茶（幾乎沒有什麼活化精神的功效）不具這樣的力量。早上精神奕奕，顯然是一種祝福，而下午精神不濟，也不會覺得糟心，因為喝杯茶即可不費力地扭轉。

我懷念濃郁的咖啡香，也念念不忘煮咖啡時的聽覺享受，包括磨豆機研磨咖啡豆發出的嘎嘎聲，或是咖啡液從濾器滴漏到壺底時咕嚕咕嚕的滿足聲。實際上，我每次經過咖啡館時，仍能感受到這些嗅覺與聽覺上的享受，但是少了味覺，這些氣味和聲音不過是嘲弄。最近，我會在家裡幫朱蒂絲煮咖啡。磨豆時，聞到豆子散發煙燻炭焙的香氣，把咖啡遞給她時，先深吸口咖啡蒸騰的香味，希望自己移步到書桌前喝下洋甘菊茶之前，精神能被咖啡香活化一下。有什麼天才的作品是靠洋甘菊茶的？有什麼心智上的突破可歸功於薄荷茶呢？為了這個報導，我能戒斷咖啡因到今天，可謂奇蹟。

我懷念無所事事地在咖啡館消磨時間，像看戲一樣，當個旁觀者。即使思緒泉湧，卻放慢身體的動作，悠哉自在地任時間流逝。妙的是，當今的咖啡文化裡喧鬧的對談不見了，大家在咖啡館裡幾乎不再高談闊論；取而代之的是，咖啡客不停地敲打筆電上的鍵盤，急於做完事情的模樣，我連裝都裝不來。怎麼有這麼多重要的專案與工作！當然啦，我還是可以混跡在他們裡面，喝我的花草茶，但是我和他們到底不一樣。我已從咖啡因的大海裡上岸，在岸上，儘管還是可以看到一片汪洋，只是大海遠在另一端，與我遙望。

戒斷咖啡因後，有一些補償性好處，例如我又可像青少年一樣睡個好覺，醒來時神清氣爽。（稍後我會解釋為什麼。）我也發現一個奇怪與意想不到的社交好處。我拒絕別人端給我的咖啡，繼而解釋我在進行戒斷實驗後，我發現對方對此不僅有高度的興趣，而且怪的是，還深受感動，讓我覺得自己彷彿做了什麼了不起的事。

一位朋友說：「我永遠也做不到。」另一個會說：「我也應該試試；我知道這會幫助我入睡，但我能撐得過早上嗎？」這些反應的確讓我覺得自己完成了讓人欽佩的了不起成就。我心想自己搞不好是文化裡殘存清教徒主義（Puritanism）受惠者，清教徒文化一如既往，即便到了二十一世紀的今天，仍強調自律以及克制欲望。即使是對咖啡因這種相對無害也容易獲得的東西上癮，仍會被清教徒文化視為性格軟弱的證據。一位睡眠研究專家（也戒斷咖啡因）受訪時告訴我：「我意識到我的生活被咖啡因控制。旅行時，發現自己身處陌生的城市，直到確定早上可以到哪裡解癮後，我才能上床睡覺。我習慣掌控，但過去的我不是，咖啡因控制了我。」

藥學家羅蘭．葛里菲斯告訴我，他研究咖啡因的動機始於一次「讓人反胃作嘔」的尷尬行為，當時他趕時間，又急需咖啡因解癮，結果把冷凍的咖啡渣放入杯裡，打開水龍頭的熱水，攪拌之後喝下肚。「我看到自己喝的是什麼時，驚覺自己慌不擇路的解癮行為！」但是他同意，如果你的供應無虞，沒有已知的健康風險，不在意人家說你對咖啡成癮，那麼上癮本身並沒有什麼「錯」，因為上癮已被我們許多人道德化了。

我承認，戒癮期間偶爾會優越感作祟。在戒斷咖啡因的幾個月裡，我搭機時，照例會路過機場一間又一間的咖啡店，聞著咖啡逸出的濃香，既渴望又羨慕。但是我已決心改過自新，因此看待每天早上要做的第一件事已截然不同。例如有天早上，我起早趕六點的班機，沒吃早飯，只喝了薄荷茶。進入機場時，看到星巴克和皮爺咖啡館（Peet's）前大排長龍的隊伍，心裡只有同情，因為這些可憐蟲起碼得等上半小時，店員才有空服務他們。我看到他們正強忍著咖啡因戒斷症的第一波症狀，以及急於想擺脫這些症狀，讓意識恢復至起碼正常的狀態。他們露出一絲讓人同情的可憐表情，猶如我在阿姆斯特丹看到的毒癮人士，排隊站在「行動藥房車」前，等著早上的解癮藥，只是機場人士的穿著打扮較正式。我心想，「這些人有夠可悲！」我並非在炫耀自己；實際上，我還希望盡早歸隊，重返咖啡因依賴者的行列。不過同時我也珍惜戒斷期間升高的道德高度，以及自豪能擺脫咖啡癮的枷鎖。這兩點差不多是我現在僅有的。

後來我開始懷疑，這一切是否都與大腦有關。自從戒掉咖啡和茶之後，我感覺大腦的反應似乎變慢。理性時代與啟蒙時代的思想巨擘都坦言咖啡對他們有恩，讓我懷疑自己戒了咖啡因後，可能隱約（抑或沒那麼隱約）導致精神低落、思緒變慢（mental deficiency）等毛病。因為咖啡因戒斷期間，我並未戒酒，所以是否是我個人因素，扭轉了西方思想前進的步伐，讓自己倒退到緩慢、魔力思維（magical thinking）的中世紀迷霧裡？然而即使沒有咖啡因提神醒腦，我也知道最好不要過份強調未經證實的傳聞或是以一概全。因此我決定從科學中找答案，了解哪些認知力升級（如果有的話）實際上可歸功於咖啡因。我戒斷咖啡因期間，到底錯過了什麼？

我發現近年的諸多研究顯示，咖啡因可提高一系列評量認知力的指標，包括記憶力、專注力、警覺性、警戒性、注意力，以及學習力。一九三〇年代一個實驗發現，咖啡因組的棋手表現遠優於無咖啡因組的棋手。另一項實驗顯示，咖啡因組能在更短時間內完成各種需要動腦的任務，儘管犯的錯也較多。誠如一篇研究論文的標題所言，咖啡因組的受試者「反應更快但沒有更聰明」。在二〇一四年的實驗發現，實驗對象在學習一樣新東西之後立刻攝取咖啡因飲品，對新東西的記憶力優於服用安慰劑的受試者。心理動作能力測試（psychomotor abilities test）也顯示咖啡因的好處：在模擬駕駛的練習中，咖啡因能提高表現，尤其是疲勞駕駛的受試者。咖啡因也能提高計時賽、肌力測試、耐力測試等指標的身體表現。

的確，我們有理由對上述發現抱持謹慎態度，畢竟這類研究很難做得周全。例如，理想對照組的實驗對象並不好找，因為我們社會裡，幾乎每個人都是咖啡因成癮者。如果你比較實驗組與對照組的表現，一組給了咖啡因片，一組給了安慰劑，很有可能安慰劑組受試者會出現咖啡因戒斷症狀，因此在執行需要動腦或動身體的任務時，明顯處於不利地位。咖啡因也許只能恢復受試者的心智功能至正常的基線，無法增強其功能。

為了克服這問題，研究員可以要求受試者務必在一兩週內不碰咖啡因，多數人同意照辦，然後大家似乎一致同意，咖啡因多少改善了心智（與身體）的表現。科學研究指出，相較於之前慣喝咖啡與茶的我，我的心智反應很可能在開始戒斷咖啡因的實驗後，「下降」了一步，因此我在這裡為可能出現的任何差池向各位說聲抱歉。

然而咖啡因是否也能改善創意？這是另一個問題，這麼說是有理由的，但想必咖啡鐵粉巴爾札克百分之百反對這說法。咖啡因提高我們的專注力以及聚精會神的能力，這肯定會提高線性與抽象思維，但是創造力的運作方式非常不一樣。要刺激創造力，可能需要一點「分心」，放飛腦袋，擺脫線性思維的束縛。

認知心理學家有時會提及兩種截然不同的意識：聚光燈意識（spotlight consciousness）與燈籠意識（lantern consciousness）。探照燈只照亮注意力關注的單一焦點，因此非常有利於推理。燈籠意識的注意力較分散，但是注意力範圍更廣泛。幼兒往往出現燈籠意識，許多吸食精神活化物質的人也是如此。這種注意力較分散的類型適於天馬行空、自由聯想、建立新的連結，這一切都有助於醞釀創造力。相形之下，咖啡因之所以對人類的進步貢獻頗大，在於能強化聚光燈意識，亦即專注、線性、抽象以及高效的認知過程，它與動腦的關係更密切，超過與玩樂的關係。最重要的是，聚光燈意識讓咖啡因不僅是理性時代與啟蒙運動的理想藥品，也帶動資本主義的崛起。

說到專注力……對不起，我不是故意漏掉我們不久前一直關注的咖啡因歷史脈絡與發展。現在讓我試著重新搭上線。

在十七世紀，咖啡館在歐洲大受歡迎，但是阿拉伯商人壟斷咖啡豆市場，這影響了歐洲的商人利益；阿拉伯人從倫敦、巴黎、阿姆斯特丹賣出的每一杯咖啡中獲利。阿拉伯人極力保護對咖啡豆的壟斷地位，為了防止有人在他們轄下的土地之外種植咖啡，阿拉伯商人會在出口咖啡豆之前，烘焙咖啡豆（咖啡豆畢竟是種子），確保這些豆子不會在出口地的土壤上發芽。

但是在一六一六年，一位狡猾的荷蘭人成功打破阿拉伯人對阿拉比卡咖啡設下的障礙，把數棵咖啡樹苗從葉門的港口摩卡走私到荷蘭，種在阿姆斯特丹植物園內的玻璃溫室裡，並利用枝插（扦插）方式，讓一棵咖啡樹繁殖成好幾棵。（所謂枝插，是剪下嫩枝或枝條，另外種在土裡，讓枝條長出與原樹基因完全相同的咖啡樹。）其中一個複製體後來落腳在荷蘭控制的印尼爪哇島，荷蘭東印度公司成功繁殖這棵咖啡樹苗，最後種出足夠的咖啡樹，形成一個咖啡莊園。自此這款珍貴的咖啡被稱為摩卡爪哇。

在一七一四年，荷蘭人把爪哇咖啡苗的後代送給法王路易十四，法王把咖啡苗種在巴黎的皇家花園，數年後，法國海軍軍官蓋布瑞．狄克魯（Gabriel de Clieu）擬了個計畫，希望在他居住的加勒比海法屬殖民地馬丁尼克島（Martinique）生產咖啡。在這咖啡史上第二次重大竊案裡，他透露自己收買了在巴黎宮廷裡的一位女子，成功偷出種在皇家花園的一截咖啡樹枝條。

成功讓扦插枝生根後，狄克魯把這株小咖啡樹苗移植到一個玻璃箱裡，保護它不受碰撞，然後帶它上船，駛往馬丁尼克島。這段航程很辛苦，比預期時間超出甚多，因此必須對船上飲水實施嚴格配給。狄克魯下定決心要讓咖啡樹苗活下去，所以把自己少得可憐的飲水分些給咖啡樹苗。

狄克魯表示，自己幾乎渴死在海上，所幸他的犧牲確保咖啡樹苗安全抵達馬丁尼克，並在該島成功長大繁殖。在一七三〇年左右，法屬加勒比海殖民地把咖啡輸往已對咖啡因上癮至無藥可救的歐洲。許多種在中南美洲新世界的咖啡樹，都是一六一六年被偷偷走私到荷蘭的摩卡原生種後代。這種偷造成的衝擊，幾乎可和普羅米修斯盜火相提並論。而今西方已控制了咖啡，咖啡也控制了西方。

咖啡和茶出現在歐洲之前，歐洲人早中晚酒不離口。不僅天黑後在酒館喝，早上在家吃早飯也喝，甚至在工作場所，資方也會在休息時段供酒給工人喝。特別是英國人，一天到晚大部分時間，頭腦都因為酒精而渾渾噩噩。戒酒運動三不五時登場，但是如果沒有替代飲料，這些運動無法吸引大家參與。

這時咖啡出現了。

早在一六六〇年，作家和歷史學家詹姆士．豪威爾（James Howell）指出：「我們已經發現，咖啡能讓各國人更清醒；以前學徒、店員，或其他人，習慣在早上喝愛爾啤酒（Ale）、啤酒、葡萄酒，導致頭腦不清，許多人因此不適合上班或是做生意，但是現在他們靠著咖啡這種讓頭腦清醒以及讓舉止文明的飲料，成了稱職的好夥伴。」

豪威爾這麼早就發現咖啡對工作行為的影響，這點值得肯定，畢竟多年後，當英國經濟從依賴體力勞動轉型為依賴腦力勞動時，咖啡確實影響深遠。早在有「咖啡休息時間」（coffee break）之前，工作場所就有喝啤酒小歇時間，多半是提供在戶外做體力活的工人。清醒的頭腦與持久的專注力並非做粗活工人的優先選項。不過對於操作機器的勞工而言，如果頭腦因為酒精而變得遲鈍，既危害人身安全也危害生產力。對於店員與文職人員而言，因為要處理數字、保持警醒、專注力、隨時隨地清醒的頭腦，咖啡成了他們理想的替代飲品——希維爾布許稱咖啡是「現代布爾喬亞時代的飲品」，咖啡出現在歐洲的時間恰到好處，「它進入人體後，透過化學與藥理學方式，實現了理性主義以及基督新教倫理所追求的精神和意識形態目標。」咖啡作為理性主義的絕佳解藥，協助歐洲人驅散酒精迷霧、提高警覺力、關注細節。此外，雇主也快速發現，咖啡能大幅改善員工的生產力。

咖啡因走進歐洲人生活，而歷史鐘盤上的分針也差不多在同一時間走到工作型態移往室內的時刻，這當然不僅僅是巧合。在中世紀，男性（尤其是在室外從事體力活的男性），太陽的角度比時鐘的指針更重要。以前沒有分針，因為沒有必要細分現在是幾時幾分。但是新工作型態要求大家更關注時間以及時間增量（time increments），在精神活化藥物裡，哪個比咖啡因更能在時限內提升精力呢？哪個比咖啡因更能與一天的時間標記緊密結合呢？想想T．S．艾略特（T.S. Eliot）筆下的普魯佛洛克（Prufrock）用咖啡匙舀盡（丈量）他的一生。當今的工作不僅轉移到室內，也被重新組織，讓工作像時鐘一樣規律與固定，這樣的轉變需要紀律，咖啡與茶可以幫助落實。

不過咖啡因對現代工作的最大貢獻（進而有功於資本主義的崛起），在於把我們從日出日落的固定節律中解放出來。太陽是天體的計時器，也設定我們身體裡的時鐘。咖啡因普及之前，根本無法想像有上晚班這種事，更何況是上夜班——人體根本不允許這麼做。但是咖啡因能讓我們保持清醒與警覺性，對抗時間一到就出現的疲憊感，讓我們擺脫生物的日夜節律。此外，隨著人工照明出現，工作的界線得以向夜間挺進，一如十九世紀初一位德國醫師所言，這種「從自然界強奪來的清醒」是咖啡因送給人類的禮物，讓我們的身體和頭腦能夠適應現代工作之所需。

還有工業。咖啡改變了辦公室職員以及知識分子，茶也很快改變了英國勞動階級的工作。實際上，正是來自東印度群島的茶葉（大量添加來自西印度群島的糖），催生了工業革命。我們認為英國以茶文化著稱，但咖啡才是一開始占主導地位也較便宜的飲料。直到十八世紀初，英國東印度公司（該公司進入咖啡產區的管道有限）開始與中國常態性進行貿易之後，茶才得以取代咖啡，成為英國人攝取咖啡因的媒介。

茶的故事在東西方有著截然不同的劇本，顯示我們對咖啡、茶這類提神植物賦予意義時，要考量的不僅是這些植物本身的特性，同樣重要的是消費者所在地的文化如何詮釋這些植物。在東方，茶較少和勞動或商業有關，較常被視為提升精神層次的工具，始於儒道，在禪宗達到高峰。

中國第一個茶園距今數千年，由僧侶所建，這些僧侶發現品茶非常有利於修行打坐。有關茶的起源，有則故事如下：在六世紀，南印度王子菩提達摩（Bodhidharma）欲悟道，花七年靜坐冥想（之前他已完成九年面壁打坐，「聞蟻聲如雷鳴」），儘管他一心想保持清醒，有一次還是在冥想時睡著了，他羞憤不已，遂割下眼皮，把眼皮丟到地上，眼皮埋入土裡，結果長出一棵植物，葉子很像眼皮。自此，聽說這種飲料有助於僧侶在長時間靜坐冥想時保持清醒。

品茶在中國以及日本很受歡迎，不僅因為茶能讓人保持清醒，也因為茶有益健康，這是有根據的。早在科學發現茶葉含有氟化物之前，東方人已將茶作為漱口水之用。（英國人卻在茶裡加入大量的糖，抵銷這個好處。）茶還含有大量維生素與礦物質（含量之高居所有植物之冠），以及大量的多酚、抗氧化化合物（茶的多酚含量高於紅酒）。

「時時飲茶，彷彿茶就是人生。」這是出自第八世紀《茶經》的指示，暗示茶在中日兩國的精神生活上扮演重要角色。泡了茶葉的水出現微妙變化，包括味道、香氣、外觀等等，這些細微的變化正好符合佛學教導大家專注，把全部注意力安住於當下。

飲茶相當於修行的觀念在禪宗的茶道臻至巔峰。品茶時細細關注每一個動作與姿勢，以及每一個看得見的細節，過程中，品茶人有機會遠離日常生活的喧囂與混亂，把思緒導向禪宗講求的敬、清、和、寂四諦境界。茶道的精神是追求超越，因此茶道有改變意識狀態的力量。誠如十七世紀日本茶道大師千宗旦（**Sen Sotan**）所言：「茶禪一味。」*

茶從東方遠征到西方後，失去了大部分的原味，原本作為精進精神層次的工具轉型變成商品，這種轉變起因於茶一開始只是香料貿易的配角。歐洲人當時對茶並無需求，歐洲貿易商到東方物色的是香料，運香料回歐的船上，順便加了幾箱茶葉，他們完全沒料到，配角不久後來居上，成為比香料更重要的貿易商品，以及地球上最受歡迎的飲料。

英國東印度公司開始與中國進行貿易後不久，廉價茶葉湧入英國，迅速取代咖啡，成為英國人攝取咖啡因偏好的來源。在一七〇〇年，只有有錢人喝得起茶，到了一八〇〇年，幾乎每個人都喝得起，從社交名媛到工廠工人，幾乎人手一杯茶。為了滿足對茶葉的龐大需求，需要規模龐大、作風野蠻，以及帝國撐腰的企業，特別是在英國改變想法之後，更是如此。英國認為不如把印度殖民地變成茶葉生產地，直接從印度進口茶葉，利潤將大於向中國購買。首先，英國得先從中國竊取種茶與製茶的祕密（蘇格蘭知名植物學家與植物探險家

---

* 欲知茶道更多詳情，尤其是茶在中國和日本精神生活中的地位，請參閱Beatrice Hohenegger, *Liquid Jade: The Story of Tea from East to West* (New York: St. Martin's Press, 2006)

羅伯特・福鈞（Robert Fortune）偽裝成中國人，完成這一任務。」然後英國沒收阿薩姆農民的土地（阿薩姆是茶葉生長的省份），強迫農民勞役，從日出到日落不停地採摘茶葉。* 茶葉輸往西方完全是剝削史——榨取勞動力的剩餘價值，這現象不僅體現在印度的產茶過程，也體現在英國的喝茶風氣。

在英國，茶讓勞動階級得以忍受長工時、殘酷的工作條件，以及難免動不動得挨餓；咖啡因有助於緩解飢餓感，而熱茶中添加的糖成為卡路里的重要來源。（根據嚴格的營養學角度，當時的工人喝啤酒會好過喝茶。）但是茶所含的咖啡因除了協助資本家壓榨勞工之外，也創造了一種新型態工人：更能適應機器作業規則的工人，工作特色是要求高、危險、不間斷。我們現在很難想像，若工業革命沒了茶會怎樣。**

至少到目前為止，我一直避免回答我們一開始提出的價值問題：咖啡因對文明或我們

* 採茶是很辛苦的工作，直到今天，主要還是靠人工手採。平均一名採茶工每天得採三十公斤葉子，大約手摘六萬次，摘的必須是一心兩葉。

** 茶葉的故事在美國殖民地則有不同的發展。殖民地居民和英國人一樣，也在差不多時間養成了喝茶的習慣。但是在十八世紀，他們不滿英王徵收高額茶葉稅而抗爭，揭開美國獨立革命的序幕。在一七七三年十二月十六日，抗議群眾將三百四十二箱茶葉（約十二萬磅茶葉）倒入波士頓港。波士頓茶黨事件之後，愛國飲料從茶變成了咖啡，自此咖啡在美國比茶更受歡迎。

人類物種是福還是禍。

咖啡因被廣泛使用，稱得上是人類發展史的推手之一，一如懂得控制火、馴化動植物等等，都是幫助我們人類更上一層樓，讓自然狀態（生物）成為可受人類控制，而咖啡因的例子，則是控制我們人類自己。不過這是絕對的好事還是壞事呢？

我在一次線上的訪談，向羅蘭．葛里菲斯提出咖啡因對人類是福還是禍的問題？他面前放著星巴克的馬克杯，停了很久才回答。「當然，由於我們文化的運作方式，我們需要保持清醒的時間與睡眠的時間，需要在特定的時間向工作報到。我們不能再像從前一樣，只須按照身體的生物節律作息，咖啡因能讓我們的生物節律配合文明的要求，針對這點，咖啡因是有用的。但是這點是否對我們人類有幫助，則是另一個問題。」說到最後，他愈說愈小聲，但顯然暗示咖啡因對人類沒有幫助。

咖啡因是福是禍的問題，很大程度取決於你如何權衡與取捨現代生活（尤其是資本主義）的利弊。法國哲學家傅科（Michel Foucault）提出「被規訓的身體」，這概念傳神地形容咖啡因的影響，因為咖啡因可以影響人類的身體，讓身體契合機器的運轉，滿足新經濟秩序與精神秩序的要求和條件。從這個角度看咖啡因，它對我們人類是詛咒，讓我們淪為更易被操控與更有生產力的勞工，咖啡因還加快我們的速度，讓我們跟得上現代生活裡人造機器的步調。

咖啡因問世後，誰受益更多？工廠還是工人？資本還是勞動？在二十世紀中葉，這問題在美國引起熱議。一九二〇年代，管理與效率成為一門學科，咖啡對職場的影響被研究員透徹而仔細地研究，用研究員查理斯．特里格（Charles W. Trigg）的話，咖啡「能提升勞動能力」，也「協助改善工廠效率」。但是令科學家不解的是，咖啡因究竟「如何」提升人體的能量？就我們的理解，生物系統裡的能量是以卡路里計算，不過未加糖的咖啡或茶不含任何卡路里，因此人體吸收咖啡因之後，新增的能量從何而來？雖然這違反熱力學定律，但也暗示，說不定咖啡因提供身體一頓免費的午餐。但是不管這現象是否有科學論據，雇主倒是樂得緊抓住咖啡因的潛在好處——對雇主自己。

實際上，最早發現並善用咖啡因實用價值的雇主之一是美國南北戰爭期間的北方軍。北軍每年向每名士兵配給三十六磅咖啡，反觀南方遭到經濟封鎖，導致南軍無緣喝到咖啡。歷史學家喬恩．格林斯潘（Jon Grinspan）指出，無法喝到咖啡對南軍的士氣造成衝擊，可能也重創在戰場的表現。北軍因為輕鬆就喝得到咖啡而占優勢。一名北軍將領甚至將咖啡因作為武器，下令士兵上沙場前把水壺裝滿咖啡，等士兵體內的咖啡因濃度達到最大值時，發動攻勢。被咖啡因充電的北軍體現一個更大的真相：南北戰爭期間，有咖啡因打氣的北軍最後勝出，也代表加速工業化的北方經濟體戰勝了經濟發展速度較慢、沒有咖啡因的南方。自此，美國軍方把咖啡因包裝成不同的形式，例如藥片、特製的口香糖等等，讓士兵可隨身攜帶。

「咖啡休息時間」一詞直到一九五〇年代才出現，為了了解它的起因，這裡舉了二十世紀初期的兩家公司為例，一家是紐約州水牛城的拉金公司（Larkin，肥皂製造商），另一家也位於水牛城，公司名稱是巴卡羅製造公司（Barcalo Manufacturing），生產可調式躺椅。巴卡羅提供員工上午和下午兩個休息時間；但是員工得自備咖啡以及自煮咖啡。（員工會集資買咖啡，煮咖啡則交給公司唯一女員工負責。）拉金公司則免費提供員工咖啡，但不提供喝咖啡的休息時間。

直到一九五〇年代，咖啡休息時間（包括提供免費的咖啡以及有償的休息時間）才成為美國職場裡合法存在的機制，這事發生在丹佛一家生產領帶的公司Los Wigwam Weavers（這故事可參考歷史學家奧古斯丁・塞奇維克（Augustine Sedgewick）二〇二〇年出版的《咖啡園》（*Coffeeland*）。）領帶公司老闆菲爾・格瑞內茲（Phil Greinetz）發現公司最優秀的年輕員工都上了戰場，只好雇用年紀較大的男性操作紡織機。但是領帶圖案設計複雜，顏色也繁多，工作時務必精準，故很耗體力，這些年紀較大男子織出的領帶無法滿足公司要求，格瑞內茲只好改雇中年女性操作紡織機。女性手巧，符合公司所需的靈活性，但是體力不足以上完一整個班次。公司召開全員大會討論這個問題，員工在會議上建議，給他們兩個十五分鐘的休息時間（一個在早上，一個在下午），以及提供他們咖啡。格瑞內茲採納他們的建議，成立休息室，並提供咖啡和茶葉。塞奇維克寫道：格瑞內茲「很快發現員工的變化，四個曾經表現最差的女員工現在竟然名列前茅。這些中年婦女在六個半小時內完成的工作量與年紀較大男子在八個小時完成的工作量一樣多。格瑞內茲受到鼓舞，遂強制規定員工要休息。」

但是格瑞內茲認為，他不必支付三十分鐘休息時間的工資，因為這半小時不算上班，他扣掉了休息時間的薪資，導致員工薪資低於聯邦規定的最低標準，結果導致美國勞工部對該公司提出訴訟。塞奇維克寫道：「在法庭上，格瑞內茲出庭作證，稱（自實施咖啡休息時間後），員工有顯著變化。」但是他辯稱，休息時間不算工作時間，所以他沒有義務支付工資。

該公司最後被聯邦法院判決敗訴。法院裁定，儘管休息時間肯定對員工有利，但是至少「對雇主也同樣有利，因為這個設計提升了工作效率與工作產出，而產能增加是雇主願意建立休息時間的主要因素之一（如果不是首要因素的話）。」主審法官還義正詞嚴地指出，咖啡休息時間與工作「有密切關係」，因此必須得到相應的工資。由於這個判決，美國生活自此出現了給薪的咖啡休息時間。

正如塞奇維克所指：「生理學家與雇主從實務中發現，咖啡對人體增加了一些東西，補充人體的工作能量，讓人體不受餐與餐間隔時間的影響，也獨立於消化過程之外。沒有補充卡路里，卻能補充身體能量，這現象超出能量科學與熱力學的定律，本身就是一種定律。」

至於「咖啡休息時間」一詞似乎在一九五二年成了流行語，當時負責替南美洲與中美洲咖啡種植業者行銷咖啡的機構「泛美咖啡局」（Pan-American Coffee Bureau）大打廣告，其中有個口號是「喝杯咖啡休息一下……工作更有勁！」

那麼到底咖啡（以及更廣義的咖啡因）如何讓我們工作更有勁？咖啡因這個小分子如何在未提供卡路里的情況下提供人體能量？咖啡因可能是俗話說的免費午餐嗎？抑或我們靠咖啡因補充身體與大腦的能量（包括警覺性、專注力、持久力等等）必須付出代價？

要回答這些問題，必須先了解咖啡因的藥理學。咖啡因是微小分子，恰好可和中樞神經裡一個重要的受體緊密結合，咖啡因若占據了該受體，影響所及，通常會與該受體結合並活化該受體的神經調節物質便受到抑制，無法發揮作用。這個神經調節物質叫做腺苷酸（adenosine）；咖啡因是腺苷酸的拮抗劑（antagonist），藉阻礙腺苷酸與受體結合，讓腺苷酸無法發揮催眠的作用。

腺苷酸是一種精神活化物質，與受體結合時，對大腦有鎮靜和催眠效果（亦即誘導睏意）。腺苷酸會減少神經元發射速度。一天下來，腺苷酸在血液的濃度會逐漸上升，只要沒有其他分子阻礙它發揮作用，它會開始減緩大腦的作業，為睡眠預作準備。當腺苷酸在你的大腦累積，你的警覺性會開始下降，而且睏意愈來愈強烈，科學家稱這現象為睡眠壓力（**sleep pressure**）。

但是當咖啡因擊敗腺苷酸，占據了腺苷酸與受體結合的位點，大腦將不再收到關閉大腦燈的訊號，即便如此，腺苷酸仍繼續在大腦循環，亦即腺苷酸仍繼續分泌，腺苷酸的濃度也繼續上升，只是受體位點已被咖啡因占據，所以你感覺不到腺苷酸的效用。反之，你覺得自己很清醒，警覺性也高。不過你真的是這樣嗎？答案是也不是。雖然你真實地感受到自己是清醒的，但是加州大學柏克萊分校神經科學家與睡眠專家馬修・沃克（Matthew Walker）指出，腺苷酸持續累積，只是你被咖啡因所騙，所以暫時沒有感受到睡意存在。

我這裡描述的是咖啡因對大腦的直接影響，實際上咖啡因也造成若干間接影響，包括刺激腎上腺素、血清素與多巴胺的分泌。釋放多巴胺是濫用藥物的典型特徵，這點也許可說明何以咖啡因能減低焦慮（來杯樂觀的咖啡），以及解釋何以咖啡因會讓人上癮。咖啡因也是一種血管擴張劑，而且會輕微地利尿。咖啡因會暫時升高血壓，放鬆身體的平滑肌，這可能是咖啡能幫助通便的原因。（這點說不定也是以前咖啡受歡迎的原因之一，在十七與十八世紀的歐洲，便祕是嚴重問題。）

但是咖啡因的獨特處在於，它能針對性地干擾最重要的生物功能之一：睡眠。沃克在二〇一七年出版的《為什麼要睡覺》（*Why We Sleep*）一書中指出，攝取咖啡因（全球使用最廣泛的精神興奮劑）「代表對人體進行時間最長、規模最大，沒有主管機關監督的藥物研究。」我們現在知道研究的結果令人震驚。（如果沃克的說法可信）。

自從人類開始喝咖啡與茶以來，醫學權威與各路「江湖郎中」不約而同警告這類飲品有害人體健康，亦即咖啡因有害健康。在十七世紀，婦女擔心咖啡會影響男性的性能力，自此以降，咖啡因絕對有問題的想法被深信不疑。也許我們更深信咖啡因的代償鐵律（咖啡因借我們能量，最後我們仍須償還），不太相信咖啡因是免費午餐，所以研究員進行大規模、涵蓋全球、長達數世紀的研究，希望確定咖啡因的「因果償還法則」（Karmic payback）——我們欲罷不能的習慣肯定會要我們以命償還嗎？例如癌症？高血壓？心臟病？精神疾病？畢竟咖啡因時不時曾與這些疾病以及其他許多毛病都有牽連。

然而至少到目前為止，咖啡因擺脫了對它最嚴重的指控。實際上，研究顯示，咖啡與茶距離危害健康差遠了，而且只要不過量，還可能有一些重大好處。養成喝咖啡習慣或可降低罹癌的風險（乳癌、前列腺癌、大腸癌、子宮內膜癌），也與降低以下風險有關：心血管疾病、第二型糖尿病、帕金森氏症、失憶、憂鬱症、自殺。不過咖啡因過量會導致緊張與焦慮，每天喝八杯（含）以上咖啡，自殺率會攀升。

咖啡與茶也是美國飲食中抗氧化劑的主要來源，這點也許說明了咖啡與茶的諸多健康好處。（而且低咖啡因咖啡也能提供抗氧化劑。）*我回顧了咖啡與茶的醫學文獻後不禁懷疑，我戒斷咖啡因是不是不僅弱化了我的大腦反應，也傷了我的身體健康。

然而，那是我閱讀沃克的著作以及採訪他之前。

《為什麼要睡覺》是我讀過最可怕的書籍之一。沃克來自英國，身形精瘦，彷彿上了發條，馬力十足。我忍不住想說他一定是咖啡因控，只不過我知道他不是。他一心只想完成一個使命：提醒全球注意無形的公衛危機——睡眠不足與不良的睡眠品質，而咖啡因是這問題的主要元凶。咖啡因本身對你可能無害，但是咖啡因剝奪你的睡眠，這可能讓你付出代價。沃克指出，研究顯示，睡眠不足可能是以下疾病的關鍵因素——包括阿茲海默氏症、動脈硬化、中風、心臟衰竭、憂鬱症、焦慮、自殺、肥胖等等。他直言：「睡得愈少，壽命愈短。」

沃克在英國長大，每天早中晚都喝大量的紅茶。而今他不再碰咖啡因，除了偶爾會少量地喝點不含咖啡因的茶或咖啡。其實，我為這篇報導而採訪的睡眠研究員以及晝夜節律專

* 這點也許有助於解決一個明顯的悖論：咖啡和茶為何對健康有這麼大的正面影響，同時又導致睡眠不佳以致對健康產生負面影響？二〇一七年的一篇文獻回顧發現，不含咖啡因的咖啡對健康的益處與含咖啡因的咖啡大致相同，顯示咖啡裡對健康最重要的成分是抗氧化劑而非咖啡因。（Grosso et al., *Annual Review of Nutrition*, 2017.）

家，沒有一個喝含咖啡因的飲料。

認識沃克之前，我自認睡眠品質不錯。我和他共進午餐時，他問了我的睡眠習慣，我說，通常可睡整整七小時、容易入眠、多半會作夢。

「你一晚醒來幾次？」他問。我說，一晚大約三、四次（通常是起床如廁），但幾乎每次都可以馬上再入睡。

他臉色凝重地點點頭，說道：「睡眠中斷真的不是好事，睡眠品質和睡眠的時間量一樣重要。」睡眠中斷會破壞我的「深度」（亦即「慢波」）睡眠。這點超出我之前的認知，我一直以為衡量一夜好眠的標準是快速動眼期（REM）睡眠，但是根據沃克的說法，深度睡眠似乎對我們的健康同樣重要，而且隨著年齡愈大，深度睡眠量會跟著下降。

在深度睡眠期，大腦前額葉皮質會釋出低頻電波，電波朝大腦的後部前進，過程中，數千個腦細胞同步奏出一首神經交響樂。神經元（腦細胞）彼此合作無間，可以幫助我們整理和鞏固白天接收到的大量訊息。透過這些低頻電波（慢波），白天的記憶可從短暫儲存地點轉移到永久儲存地點。想像一下，一天下來，大腦的桌面被清理和重新整理，有些文件被儲存在適當的位置，有些則被丟棄。

由於我睡眠會中斷，沃克認為我的深度睡眠嚴重不足。他說：「你可能想解決這個問題。」當天晚上，他發了一個連結給我，網站介紹一種營養補充品，聲稱可以改善前列腺功能。

我和沃克共進午餐時，尚未開始戒斷咖啡因的實驗。沃克問了我攝取咖啡因的情況。我說，一早醒來第一件事是喝半杯咖啡，一整個早上喝的是綠茶，有時如果體力不濟，午餐後會喝杯卡布奇諾。沃克指出，對多數人而言，咖啡因的「四分之一生命」（quarter life）大約是十二小時，亦即中午喝了杯咖啡，晚上十二點上床睡覺時，還有四分之一的咖啡因在你大腦中活動，這很可能足以完全破壞深度睡眠。

想到自己晚餐後偶爾會喝杯咖啡，我就不安到忍不住發抖。沃克說：「有些人說自己可以在晚上喝咖啡且不影響睡眠，」他的語氣裡帶點同情與遺憾。「情況也許是這樣，但是他們的慢波睡眠量會下降一五%至二〇%。如果深度睡眠減少那麼多，你的年齡也必須跟著快轉那麼多年。」亦即晚飯後來杯濃縮咖啡，打壞睡眠品質，會讓我比實際年齡老上十二歲。我想像工作了一整天，累到懶得對電腦進行數位保健（digital hygiene），結果電腦桌面不知會亂成什麼模樣。

咖啡因不是造成睡眠危機的唯一原因，螢幕、酒精（酒精對REM睡眠的影響一如咖啡因對深度睡眠的影響）、藥物、工作時間表、噪音、光害、焦慮等等，都會影響睡眠的質與量。但是咖啡因可說是罪魁禍首（或接近罪魁禍首）。沃克說：「如果你把過去三十五年星巴克咖啡館的開店數量圖對照同時期睡眠不足上升圖，會發現兩條線非常相似。」

我很欣慰得知，沃克後來放鬆對咖啡的譴責力道。最近一次交談裡，他指出，「早上適量喝些咖啡」對健康的好處可能超過對睡眠健康的影響。他寫道：「畢竟生活還是要過的（可過得舒服些）！」

咖啡因獨特又陰險的特質是：不僅造成我們睡眠不足，也是我們用來解決該問題的主要工具。今天多數人喝咖啡是為了補救咖啡因導致的不佳睡眠，亦即咖啡因幫助隱藏咖啡因製造的問題。哈佛大學醫學院的睡眠與晝夜節律領域專家查理斯·契斯勒（Charles Czeisler）數年前在《國家地理》雜誌一篇文章中一針見血地指出咖啡因這個問題，該文章的作者是里德（T. R. Reid）：

> 咖啡因普及於世界的主要理由是讓人保持清醒，但是大家需要咖啡因主要是因為睡眠不足。想想這點：我們用咖啡因彌補睡眠不足，而睡眠不足主要是因為攝取咖啡因。

我最近和契斯勒交談，他告訴我，他也不喝咖啡因飲料，但是分享了睡眠領域傳奇研究員比爾·狄孟特（Bill Dement）的故事。狄孟特是契斯勒在史丹福大學的論文指導教授，與其他研究員共同發現REM睡眠與作夢之間的關聯性，也是睡眠障礙領域的先驅。

契斯勒說：「有一次他和我們住在一起，早上下樓後問我們：『咖啡在哪裡？』我們連個咖啡機都沒有！『對不起，比爾，但是你很清楚，咖啡因是睡眠的敵人。』他答道：

『沒錯，但咖啡因也是讓我們保持清醒的好朋友！』」

不知道沃克會不會覺得這故事一點也不好笑。

睡眠為咖啡因如何提供人體能量這個難題提供了解答。咖啡因只是表面而非實質上提供能量，因為咖啡因阻礙腺苷酸的活動，隱藏（或延後）我們的疲憊與睏意。當肝臟代謝掉咖啡因，阻擋腺苷酸的大壩就會潰堤，一旦被阻擋時仍不斷增加的腺苷酸回流，湧入大腦，你會不支倒地，感覺比喝了第一杯咖啡前還累，結果你會怎麼做？可能再來一杯咖啡吧。

看來沒有免費午餐這回事。咖啡或茶給你的能量是向未來預借的，最後仍得償還。此外，這筆貸款得連本帶利償還，至於要還多少，可根據你睡眠的量與質計算。

這裡有關杯裡「濃縮陽光」的故事，似乎愈來愈黯淡，恐怕在故事結束前，會進一步暗下去。可以說咖啡與茶確實對西方所謂的「文明」進展做出實質積極的貢獻，在此指的貢獻可能是文化與資本主義（包括人文、科學、生活水平等等）受到的各種祝福與好處，但是一如咖啡因消費者最後必須為選擇依賴咖啡因提神付出生物（睡眠）代價，「文明」也要為選擇咖啡因付出經濟甚至道德代價。在西方，幾乎從一開始，咖啡和茶的好處就與奴隸以及帝國主義的罪惡密不可分，依據冷酷無情理性所架構的全球生產系統，除了靠咖啡因，還能靠什麼幫忙支撐？

咖啡與茶主要在南方產製，在北方消費，這兩個商品把所有咖啡因消費群納入錯綜複雜的國際經濟關係網絡裡，特別是殖民主義與帝國主義。相形之下，香料貿易（另一個交易熱絡的植物興奮劑市場）雖比咖啡因貿易早了幾百年，但是貿易規模遠不及咖啡因，消費端也以富豪為主。

十八世紀末的英國，幾乎人人每天喝茶；茶葉成了英國東印度公司最重要的貿易商品，估計占英國國民生產總值（GNP）五%。英國教士大衛・戴維斯（David Davies）在十八世紀末指出：「在歐洲任何一個國家，普通百姓每天不得不使用從地球另一端進口的兩樣商品，這似乎是非常奇怪的現象。」

戴維斯所說的兩樣商品是茶與糖。茶葉進口至英國後不久，英國人習慣喝茶要加糖，茶與糖成了固定的搭配。這點多少令人意外，畢竟中國人喝茶從不加糖。沒有人知道喝茶加糖的習慣如何成形，但進口至英國的茶葉往往偏苦，加上熱茶可快速融化大量的糖之故。實際上，糖在英國的主要用途之一是增加茶的甜味，這個飲茶習慣讓糖的消費量顯著成長，大量的非洲奴隸因而被運往加勒比海的甘蔗園，協助生產蔗糖。（估計有七成被交易的奴隸被送往加勒比海甘蔗園生產糖。）咖啡與奴隸制的關聯性更直接，尤以巴西為最，當地的咖啡種植業者從非洲進口大量奴隸在咖啡園工作。歐洲當時有多少人在喝咖啡與飲茶時，知道他們維持清醒以及講究文明的飲茶習慣是建立在如此殘酷不仁的奴隸制度？

英國東印度公司和中國的茶葉貿易還包含另外一種道德汙點。該公司支付英鎊向中國進口茶葉，但中國對英國商品興趣缺缺，英國因而對中國漸漸出現毀滅性的貿易逆差。東印度公司想出兩招妙計改善這問題：讓轄下殖民地印度大規模種植茶葉，把印度從一個不具大規模茶葉生產史的殖民地轉型為茶葉（以及鴉片）主要生產地。印度生產的茶葉出口至英國，生產的鴉片則不顧中國政府強烈反對，走私到中國，鴉片旋即變成破壞性十足、肆無忌憚的洪水猛獸。

在一八二八年左右，鴉片貿易占英國東印度公司營收的一六％，接下來五年，該公司每年向中國出口逾五百萬磅印度製鴉片，這當然有助於縮小英中貿易逆差，但是也讓數百萬中國人對鴉片上癮，連帶導致一度偉大的文明走下坡。在一八三九年，清朝皇帝道光頒布鴉片菸禁令，並查扣所有庫存的鴉片。之後英國向中國宣戰，以戰保持鴉片繼續流通。英國皇家海軍靠著船堅炮利的絕大優勢，很快取得勝利，根據與中國簽署的《南京條約》，強迫中國開放五個通商口岸，並占領香港，重創中國的主權與經濟。

這是咖啡因造成的另一個道德代價：為了讓英國人的大腦靠喝茶後更清醒，中國人的大腦必須被鴉片菸蒙蔽。

今天我們這些喜歡喝咖啡或茶的人，面對這兩種商品的生產系統，了解程度不比奴隸貿易時代或鴉片戰爭時期的消費者來得多。每天讓我們有咖啡或茶可喝的供應鏈錯綜複雜，多半隱而不可見，儘管供應鏈不再依靠非洲黑奴或中國抽鴉片菸的癮君子，但是經濟剝削制度依舊是其基礎。每一杯四美元的拿鐵咖啡，到了種咖啡農民口袋時，只剩幾分錢。這些種植者多半是小農，在熱帶國家偏鄉的幾畝陡峭傾斜坡地上種植咖啡。近年來，全球咖啡豆價格出現巨大的破壞性波動，市場做市場該做的事：無時無刻不在世界各地搜獵價格最低的咖啡豆廠商。

在一九六〇年代，全球咖啡生產國聯合起來，合力管理供應鏈以便限制價格的波動幅度。《國際咖啡協定》（ＩＣＡ）規定每個咖啡生產國的出口配額，藉此保持咖啡豆價格在一定的區間內波動。這機制成功發揮作用多年，但是在一九八九年，新自由經濟學興起，加上購買權集中在少數幾個跨國公司手中，國際咖啡協定瓦解。目前的咖啡豆價格取決於倫敦與紐約的期貨市場，上沖下洗劇烈波動，難以預測。多年來，農民被迫以低於成本價賤賣他們所種的咖啡豆。你以美元支付購買一磅的咖啡，也許只有一美元進到農民的口袋。在較高端的市場，包括星巴克在內的幾家大型咖啡連鎖店，以及「國際公平貿易組織」這類的認證機構，設法支付咖啡農有保障的價格，改善他們的命運。但是任何一個商品作物的自由市場裡，小農有數百萬之多，但買家只有少數幾家大公司，不可避免會肥了買家，瘦了小農。

也許你認為我描繪咖啡與茶的黑暗面是因為我已戒斷咖啡因，以致士氣低落（一如南北戰爭期間的南方軍）。你可能也想知道，為何我把圍繞咖啡與茶的那些豐富又複雜的文化簡化為大腦的化學與經濟學。當然以這種方式看待咖啡與茶這麼精彩的物品是過於簡化。

你說得不無道理。我無意剝奪圍繞咖啡與茶打轉的複雜文化，也不打算吹捧兩者都有的化學物質。咖啡因文化的縮影當然是日本茶道，把品茶前的準備與品茶的過程昇華到精神層次。茶道講究儀式、禪宗哲學、精心鋪陳的禮儀、一絲不苟的對話與精巧的茶具，讓人容易忽視品茶說穿了其實是在服用一種藥物。

為什麼咖啡沒有類似的儀式？（硬要找的話，衣索比亞的咖啡儀式最接近，綠色的咖啡豆放在明火上烘烤，然後研磨，再放到特殊容器裡沖泡。）我好奇的是，攝入咖啡與茶這兩種咖啡因的過程在性質與象徵意義上，何以變得如此不同。飲茶文化何以會如此講究，遠超過粗獷的咖啡文化？也許是因為一杯咖啡造成的振奮效果大於茶，畢竟等量的茶，咖啡因含量不到咖啡的一半。但只要續喝第二杯茶，亦會攝入相當於一杯咖啡的咖啡因。所以這說法無法完全解釋喝茶細緻與喝咖啡粗獷的文化差異現象。兩者的文化差異也許是風味不同使然，也可能是化學或原產地的原因，抑或兩者不經意的不同歷史發展。

不管是什麼原因，這些差異非常明顯。在《咖啡因的世界》（*The World of Caffeine*），作者班尼特・亞倫・溫伯格（Bennett Alan Weinberg）與邦妮・比勒（Bonnie K. Bealer）提出一系列尖銳的二元對立，一針見血地突顯咖啡與茶截然不同的文化聯想。兩者的差異不言而喻，無須我告訴你哪個用語指涉哪一種飲料。

男／女；鬧騰／拘謹；波希米亞／傳統；明顯／隱約；放縱／節制；惡習／美德；激

情／靈性；不拘禮節／講究儀式；樸實／高尚；美式／英式；前院／會客廳；興奮／寧靜；交際花／名媛；外向／內向；精神奕奕／弱不禁風；西方／東方；工作／沉思；緊繃／放鬆；隨興／深思熟慮；貝多芬／莫札特；巴爾札克／普魯斯特。

以此類推，族繁不及備載。酒精釋放（遞送）系統也表現類似的講究程度，不妨想想與葡萄酒相關的文化符碼，再對比屬於啤酒與烈酒的文化符碼。

我們人類顯然有個根深柢固的欲望，喜歡將事情複雜化，把最基本的生物反應和文化豐富的顏色與質地織繡在一起。實際上，咖啡與茶各自有一套「釋放（遞送）系統」（delivery system），釋放與傳遞精神活化化合物，這想法本身讓我們有些不爽。但是如果有人未曾喝過葡萄酒，聽到有關葡萄酒文情並茂的精心描述，可能不會知道葡萄酒的關鍵特質是改變我們的意識狀態。咖啡與茶也是如此，當然我們所喝的大部分飲料並非如此。例如，有人深入想過（隱喻式聯想）柳橙汁或牛奶的心理感受特質嗎（psychosensory qualities）？

沒有。所以茶與咖啡在這方面是特別的。不妨思考一下我在網路上偶然發現描述「杯測」，品咖啡時會用到的術語表，該表由「反文化咖啡」（Counter Culture Coffee）編纂。

植物味／泥土味／草味（Vegetal/ Earthy/ Herb）就細分二十種味道別，包括綠色葉菜、乾草／稻草、菸草、香杉、鮮木與土壤等項目。鹹味（savory）的描述包括肉味、皮革味。穀物與麥類的氣味細分為新鮮麵包、大麥、小麥、黑麥、全麥餅乾、燕麥棒與糕點等味道別。甘甜的味道描述包括紅糖、楓糖漿、糖蜜、可樂等。其他類目：堅果類、巧克力類、乾果類、莓果類、核果類、柑橘類、花卉類、香料類與烘焙類，也一一再分出具體的細目。這份清單不列入和身體或「口感」有關的形容詞，諸如和茶一樣的味道、絲滑、圓潤、天鵝絨、大、有嚼勁等等。另一個類目列出令人不悅的咖啡味，諸如霉味、腐爛水果味、不新鮮麵包味、OK繃氣味、瓦楞紙味、堆肥味、獸皮味、垃圾味等等。

能夠從一杯咖啡中分辨並具體說出這麼多不同的味道、香氣、質地（似乎都是自然界的東西），實在非常奇妙！茶也是如此，有令人回味不已的感官詞彙，涵蓋正面、負面與純描述的形容詞。因此某種茶可能被批評有金屬味、烘烤味、木箱味（例如散發著裝運茶葉的木箱味）、草味、焦油味、泥土味；或是被稱讚味道清新、明亮，散發餅乾香、麥芽香、堅果香、煙燻香、麝香。品茶的人將茶香和花香聯想在一塊（丁香、茉莉、玉蘭、桂花、蘭花、百合、蓮花、茶花、鈴蘭）；與果香聯想在一塊（荔枝、鳳梨、椰子、百香果、釋迦）；散發木香，通常是東方植物（蘆薈、檀香木、肉桂樹、嫩樟、老樟）。的確，有些特質是純想像，但是多數能對應到茶和咖啡裡被確認的數百種分子：酯類、萜烯、胺類、酸類、酮類、內酯、吡嗪、吡啶、酚、呋喃、噻吩和硫醇，這些化學成分形成了咖啡與茶的特殊風味，構成我們對咖啡與茶的感官體驗。

這些構成風味與香氣的分子都存在於你喝的咖啡與茶，但是如果沒有一、三、七—三甲基黃嘌呤這個分子，這些風味與香氣還這麼重要嗎？若非咖啡因這個生物鹼，咖啡或茶會被發現嗎？更別說已被飲用了數百年。世上還有數不清的種子與葉子可以浸泡在熱水裡做成飲料，其中有些植物的口感與味道肯定優於咖啡和茶，但是在我們的家裡、辦公室與商店裡，看得見那些植物的立足之地嗎？

我們也別遮遮掩掩了，我們的文化在咖啡與茶的精神活性分子上建立這麼多洛可可式的意義結構，不過是為我們渴望改變意識狀態的需求披上隱喻與聯想的華麗外衣。茶與咖啡受到肯定與推崇，與其說是讓我們聯想到木燻味或核果味等香氣，不如說無例外地讓我們聯想到幸福與愉悅的經驗。

正是這種經驗（藥物研究員稱之為強化）讓我們對咖啡、茶或葡萄酒百喝不厭。這經驗也會改變我們對風味的感知力。

約翰霍普金斯大學藥物研究員羅蘭・葛里菲斯解釋道：「說到味覺，人們被嚴重欺騙了。這就像說：『我喜歡蘇格蘭威士忌的味道。』錯了！味覺是後天、不知不覺變成習慣的偏好，當你將某種味道和酒精或咖啡因等強化物配對，你會對那種味道養成特定的偏好。」

咖啡與茶自然含有咖啡因，但汽水與可樂的咖啡因多半是被另外添加的，為什麼汽水製造商要這麼做？尤其是賣給兒童的汽水飲料？業者（向美國食品藥物管理局與其他監管機構）聲稱，咖啡因的功能是增加味道，添加咖啡因是希望這個生物鹼提供苦味，這些業者板著臉，正經八百地這麼說。在二〇〇〇年，葛里菲斯的實驗室進行雙盲味覺測試，輕鬆推翻了這個說法。盲測中，喝可樂的受試者被要求分辨哪些可樂加了咖啡因，哪些未加咖啡因，但多數人都嚐不出兩者差異。其實美國六個最暢銷的汽水品牌悉數含有咖啡因（含量相當於一杯茶）。葛里菲斯說，若把咖啡因和任何一種味道（酸甜苦辣鹹）配對，人們會偏愛那個被配對的味道。「就像我說『我喜歡蘇格蘭威士忌的味道。』」

葛里菲斯的實驗讓我想起另一個我聽過的味道測試，但我花了點時間才確定是什麼（鐵定是因為我還在咖啡因戒斷期）：傑羅爾丁．萊特的蜜蜂！萊特對她的蜜蜂做了差不多的實驗，發現蜜蜂也偏好含咖啡因的花蜜。我們人類比我了解的更像蜜蜂，一樣容易受騙（這個例子是被汽水公司而非植物所騙，偏愛任何一種加了咖啡因的汽水與糖水。）

汽水製造商發現了咖啡與茶等植物很久以前就學會的事。是結束我戒斷咖啡因實驗的時候了。我已從戒斷實驗學到我能學到的東西，也享受多次一夜好眠的果實，並迫不及待想知道一旦喝下幾杯濃縮咖啡後，三個月來一直不受咖啡因「汙染」的身體會有何反應。我已成功讓自己恢復到彷彿是第一次體驗咖啡因的狀態，非常樂意放棄「咖啡因處女」（caffeine virgin）的地位，重新加入咖啡族行列。

我用心想了很久（甚至有些欲罷不能），該去哪裡品味我的第一杯咖啡因飲料，絕對非咖啡不可；儘管我喜歡茶，但我想茶可能無法滿足我一心期待的那種精神刺激。起初，我考慮到住家附近的皮特咖啡館，這家店正好是皮特咖啡連鎖店的創始店，一九六六年開始營業，位於加州北柏克萊胡桃街與樹藤街口，這家咖啡館已成一個地標，標記咖啡史的分水嶺。創始人阿爾佛雷德．皮特（Alfred Peet）是移民之子，父親在荷蘭是咖啡烘豆師。皮特幾乎是憑一己之力，讓美國人認識與接觸到好咖啡。皮特開店之前，美國人多半喝的是即溶咖啡或餐廳販售的美式咖啡（裝在藍白色紙杯裡），要不就是把峰之選（Folgers）、麥斯威爾（Maxwell House）等研磨咖啡粉放入滴濾式的咖啡壺沖煮。當時這些咖啡大多使用品質較差的羅布斯塔豆（Robusta beans），咖啡因含量高、苦澀、味道單一喝不出層次。但是售價便宜，而且是消費者僅知的選項。

皮特移民美國前，曾在荷蘭喝到更好的咖啡，開店後堅持只採購阿拉比卡咖啡豆，並慢速烘焙豆子，直到咖啡豆顏色變得很深。他的標準一絲不苟，加上歐洲的美學薰陶，對於建立我們今天的咖啡文化功不可沒。皮特為人慷慨，指導了整整一個世代的美國咖啡進口商以及咖啡豆烘焙師，包括星巴克的創始人，後者曾在柏克萊的皮特咖啡館任職，學習如何選擇與烘焙咖啡豆。皮特也教會美國人多花幾美元買咖啡，而非只喝一杯二毛五或五毛錢的便宜咖啡，讓咖啡變成日常的奢侈品。因此我到住家附近只賣優質咖啡的皮特咖啡館，享用我的「第一杯」咖啡，也算合情合理、充滿詩意的決定。

可惜，我不喜歡皮特的咖啡，往往焦味偏重。所以最後決定尊重自己長期的偏好。去了位於夏塔克大街（Shattuck Avenue）的乳酪坊，選擇「特調」（special）咖啡。我和朱蒂絲是這家店多年來的上午常客。乳酪坊賣的特調是用雙份義式濃縮咖啡加上蒸氣奶泡（但奶泡量比傳統的卡布奇諾少一些），我想這就是澳洲人所說的白咖啡（flat white）吧。

在乳酪坊前面，店家把幾個停車格改建為迷你花園，放了幾個盆栽，盆裡種了花與樹。另外放了幾張長椅，還有一個厚木頭裁切而成的櫃台，方便顧客倚靠。我鮮少在花園裡逗留，但那天是仲夏週六的早上，天氣非常好，所以我和妻子決定到花園多待一會兒，找個可享受咖啡以及欣賞風景的座位。當時時間還早，所以很多年輕父母拿著紙杯裝的咖啡，心無旁騖地吃著鬆餅和巧克力脆片司康，身邊幼兒聞著咖啡香，跟著體驗咖啡這款精神活化藥物。

我的特調咖啡「匪夷所思地」好喝，讓我醍醐灌頂，了解去咖啡因的咖啡是多麼差勁的偽咖啡；現在喝的咖啡才有完整的維度與深度，有著我之前戒斷時完全遺忘的風味！我幾乎可以感覺到咖啡因的小分子沿著血管擴散到全身，不費吹灰之力滑過我的細胞壁，穿透血腦障壁（blood-brain barrier），霸占腺苷酸與受體結合的位址。「幸福」是最能貼切描述我喝下久違的第一口咖啡後的感覺。這種感覺持續地累積、擴散、凝聚，直到我認定這樣的「愉悅感」言之鑿鑿，而非憑空想像。然而我並未出現許多精神活化藥物可能導致的感知扭曲現象；我感覺自己的意識狀態清晰透明，彷彿沉醉於這樣的清醒狀態中。

但這並非我所熟悉的咖啡因喝後感。原本預期喝下第一杯咖啡後，咖啡因會驅散戒斷期間累積的迷霧，然後可開心地（感恩地）返回戒斷前的基線狀態。但是實際不然，現在的狀態遠在基線（原來狀態）之上，彷彿我的第一杯咖啡被加了更強效的東西，例如古柯鹼或是安非他命。哇，這飲料合法嗎？我環顧四周，看著種著行道樹的人行道，幼兒坐在嬰兒車裡，狗狗跟在他們後頭覬覦掉落的麵包屑。我視線所及的一切似乎用讓人開心的斜體字排列，猶如電影畫面。我想知道這些手拿免洗瓦楞紙杯（附隔熱杯套）的人，到底知不知道他們啜飲的咖啡因是強效（毒）藥。但是他們怎麼可能知道呢？他們早已習慣了咖啡因，現在喝它完全是為了另一個目的——維持基線（baseline maintenance），最好能小幅度地高於基線之上。我感到慶幸，自己可以有這種更強效的體驗。此外，睡眠品質優於以往，也是我忍痛戒斷咖啡因後美妙的收穫。

不過幾天後我也會跟他們一樣，重新對咖啡因的刺激作用產生耐受性與成癮現象。我想知道，有沒有什麼辦法可以保持咖啡因的強效作用？我能否想出與咖啡因的新關係？例如也許能把咖啡因視為一種致幻劑，僅偶爾使用，而且需要有儀式與更明確的目的，或是只在週六才喝咖啡？我決定試試看。

喝了第一杯咖啡後過了約半小時，我發現最初激增的樂觀情緒不見了，取而代之的是狂躁與易怒。這時一輛垃圾車停在對街餐廳外的人行道旁，動作粗暴地抬起大型綠色垃圾箱，將裡面垃圾搖搖晃晃地倒進車尾，垃圾車吞噬垃圾的過程中不斷發出嘈雜的噪音，我意識到自己對這噪音忍無可忍時，發現自己進入高度警戒的狀態，開始焦躁不安，大腦開始列出當天的待辦事項。我問朱蒂絲是否想走了，她說好。眼前的景象已喪失魅力，於是我們打道回府。

朱蒂絲去了她的工作室，留我一人在家，愛做什麼就做什麼。打算消磨週六早上的時光，也許在花園裡閒晃，或是打電話問候親友。但是咖啡因對這些有異見，要求我整理待辦事項清單，善用竄起的精神與專注力，將其用於處理正事。不知什麼原因，正事都與扔掉東西有關。我坐到電腦前，有系統地「取消訂閱」至少一百個塞滿我收件匣的郵件列表（Listservs），「感覺真爽」，直到我覺得心太躁，無法繼續坐在電腦前才罷手。另一個工作突然引起我的注意：是整理衣櫃的時候了！我從來沒有主動想整理衣櫃，但是在那一刻，我滿腦子只想把衣櫃裡所有毛衣全部拿出來，分成四堆，需要送洗的、被蟲蛀過該丟的、該送人的、仍須輪流換穿的。通常我捨不得丟掉舊衣服，很難接受東西的壽命已超過它的實用性。但是今天我變了，變得毫不留情，很快就裝滿一個垃圾袋，裡面不僅有毛衣還有運動鞋、襯衫，甚至運動夾克，他們將與我徹底告別，悉數送給慈善機構。

一個上午就這麼過去。我強迫自己完成一些工作，整理電腦、打理衣櫃、花園與小棚子。我翻地、除草，把東西擺放整齊，彷彿中了邪停不下來（我覺得我的確是）。不管我專注做哪件事，一定是全神貫注、心無旁騖，就像一匹戴上眼罩的馬。周邊事物與干擾完全從我的意識領域消失，我一心沉浸在工作上，沒注意到時間咻地過去。

到了中午左右，我的強迫症開始降溫，覺得可以換個場景。我剛剛在菜園裡拔掉幾株長得欠佳的植物，接下來決定去園藝中心，購買一些可替代的植物。駕車行駛索拉諾大道（Soloano Avenue）時，我開始天馬行空，心想可去哪兒喝第二杯咖啡，此時靈光一閃，發現之所以前往園藝中心的真正理由：「花境露天咖啡」（Flowerland）停了輛露營拖車在園藝中心的入口，販售一流的義式濃縮咖啡。

在戒斷咖啡因三個月後，我只喝了一杯咖啡，但咖啡因依賴症的陰險觸角已經纏住了我！我才在幾小時前抱定只在週六喝咖啡的決心到底怎麼了？然後我聽到一個聲音說，「但今天週六還沒結束！」我立刻知道這是誰的聲音——咖啡因癮君子聰明又狡猾的聲音。我用盡所有意志力對抗這誘惑。

為咖啡因這篇報導所做的研究期間，突然想到，自己實際上從未親眼見過咖啡樹或茶樹。嗯，其實這話也不完全正確。幾年前，住家附近的皮特咖啡在店門旁邊的花盆裡種了一株相當無精打采的咖啡樹，但這株植物從未結過果實，而且沒活多久就死了。我當然從來沒有在種植咖啡樹的農地或莊園看過咖啡樹，所以決定親自到種植阿拉卡比咖啡豆的原鄉看一看。

因為其他公務而讓我們到了麥德林（Medellin），這裡是通往哥倫比亞精品咖啡豆種植區的門戶。在一月的一個早晨，朱蒂絲和我包了一輛車，進入麥德林南部的山區。我們的目的地是頂峰咖啡（Café de la Cima），或稱莊園（finca），距離佛勒多尼亞鎮（Fredonia）大約幾英里，佛勒多尼亞是從布拉沃山（Cerro Bravo）的山陰延伸出來的小集市，很有朝氣。我們經過圖薩山（Cerro Tusa），哥倫比亞咖啡的官方標誌是綠色三角形火山，畫的就是圖薩山，你應該在咖啡豆的外包裝以及所有行銷哥倫比亞咖啡豆的廣告上，看過不下數千次吧，這個標誌除了火山，還有一個主角叫胡安・瓦爾德茲（Juan Valdez）。

不過胡安・瓦爾德茲完全是虛構的咖啡農，是紐約恆美廣告公司（Doyle Dane Bernbach）的廣告文案寫手在一九五八年杜撰出來的人物，目的是向全球行銷哥倫比亞咖啡。頂峰咖啡莊園的經營者是歐克塔維歐・阿塞維多（Octavio Acevedo）與兒子亨伯托（Humberto），這兩人說不定就是瓦爾德茲的原型，從他們戴的草帽到五顏六色的斗篷都和瓦爾德茲相似。（唯一缺席的是瓦爾德茲忠實的驢子康奇塔。）亨伯托帶我們參觀了占地七英畝的莊園，現在已是第四代在經營，咖啡樹種在陡峭、生機盎然的山坡上，自從歐克塔維歐的祖父在這裡種植咖啡樹以來，莊園的經營方式發生重大變化。

我們前往農場參觀咖啡樹時，亨伯托解釋道：「五年前，我父親決定喝他自己種的咖啡。」這是激進的想法，因為多數咖啡莊園在咖啡豆還「鮮綠」的時候（剛採摘未加工的生豆）就賣給了中間商。如果咖啡農自己也喝咖啡，只能喝到別人種的咖啡，而且可能只喝得到所謂「tinto」的黑咖啡，用的是廉價咖啡豆沖泡出來的濃稠咖啡，至今還是大多數哥倫比亞人最常喝的咖啡。哥倫比亞生產的一流咖啡豆都出口到海外，但是歐克塔維歐認為，小農把咖啡豆賣給動盪不安的全球市場沒有未來可言，因此他決定試試賣不一樣的東西：在農場種植、收成、清洗、發酵、乾燥、烘焙的咖啡。頂峰咖啡將成為職人精品咖啡市場的一個品牌，也是像我這種好奇地想知道咖啡豆產地與生產過程的消費者會參觀的目的地。

亨伯托滿腔熱情地向我們介紹莊園裡種植的一萬兩千棵咖啡樹，它們是波旁品種（Bourbon）和卡斯提優品種（Castillo）的雜交種，和亨伯托家族共同生活在這片生機盎然、陽光普照的山坡地。咖啡喜歡熱帶山區，因為咖啡需要充分的雨水以及極佳的排水系統才長得健康。種在較高海拔地區（頂峰咖啡莊園的海拔約一千六百公尺），有助於咖啡樹躲避最致命的病蟲害——造成葉鏽病的真菌。

氣候變遷已將咖啡生產推向更高海拔的山區，農民生活也更辛苦。咖啡樹對於降雨量、氣溫、陽光是出了名的挑剔，而今這些條件在哥倫比亞全都變了，讓原本適合種植咖啡的產地不再適合生產咖啡。農藝專家表示，因為氣候變遷，放眼全球，咖啡生產的前景令人沮喪。一項研究預測，在二〇五〇年左右，全球約一半的咖啡產地（拉丁美洲產地的縮水幅度更大）將不適合種植咖啡，讓咖啡成為首當其衝受到氣候變遷威脅的農作物。資本主義受益於與咖啡的共生關係，而且受益匪淺，而今卻可能殺死這隻金雞母。

亨伯托領著我們走到屋後，走上陡峭的一條小徑，經過一個苗圃，裡面的咖啡豆已經發芽，幾十株小樹苗頂著褐色咖啡豆，彷彿戴著裂開的帽子。我們很容易忘記，咖啡豆首先是咖啡的種子。咖啡產量下降時，亨伯托並未購買替代品種，而是開始選擇好咖啡豆，自己育苗發芽。他在莊園裡尋找能在自家土壤與氣候環境下健康成長的模範生。

經過苗圃後，涉水渡過一條小溪，走進第一排的咖啡樹叢裡。五英尺高的灌木以彎曲的平行線排列，茂密的葉子又綠又亮，細長的枝條上掛著彷若「櫻桃」的果實，多數果實仍是綠色，但也有一些已呈現鮮紅色，看起來更像小紅莓而非櫻桃。亨伯托遞給我和朱蒂絲各一個籃子，我們將籃子放在身體前面腰部的位子，然後把繫著籃子的帶子掛在肩上。他催促我們：「去，採些咖啡回來！」

我和朱蒂絲分道揚鑣，小心翼翼地走進另一條綠色灌木叢裡的狹窄小徑。坡地非常陡峭，我得謹慎地橫著走，慢慢地經過一株又一株的咖啡樹，彎腰伸手穿過樹葉，只摘最紅的果子，一顆一顆地放進籃子。我咬了一顆熟透的紅色果子，果肉很甜，嚐起來有水果味，咖啡味只有一點點，果實中間有顆小小的褐色種子，已分成兩瓣，像兩瓣迷你臀肉。

亨伯托告訴我，泡一杯咖啡需要五十顆左右的咖啡豆；過了大約半小時，我摘的豆子足夠沖泡四至五杯的咖啡，我的背和腳已痛得開始抗議。很難相信咖啡豆仍然得用手一顆一顆地採摘，幾世紀下來幾乎沒有什麼改變。但是咖啡園的地勢陡峭，不利機械化與大片開墾。咖啡這行仍是由數百萬小農主導，他們靠的是雙手而非雄厚的資本。

頂峰咖啡最大的創新是讓驢子康奇塔失業。採摘工人的籃子裝滿咖啡果時，不用再把收成綁到驢背上送下山。而是把紅色咖啡果倒入在山頂的一個水泥箱，靠井水把咖啡果沿著鋼管沖到山下，直接進入加工廠。我摘的果實沒有裝滿籃子，甚至離裝滿還差太遠。我每隔幾分鐘就得伸伸腿、挺直腰，否則我的背就會痛得抗議，難免影響採摘進度。此外，坡地陡峭之至，加上咖啡樹種得相當密，下一排與上一排之間的小徑非常窄，我很難用腳穩住自己，老覺得身體抓不到平衡感，所以工作效率大打折扣。在這片灌木叢中，我覺得自己像個闖入者。相較於我這個兩隻腳的陌生人（不速之客），這些咖啡樹才更適合這片棲息地。

我離開採收的小徑，凝視眼前的安第斯山脈，青翠山巒層層堆疊，一排排綠的發亮的咖啡樹蜿蜒山中，每一排樹沿著水平線栽種，順著陡峭山壁層層向上。難以想像如此偏遠靜謐的山區，會和我們日常繁忙的都市生活產生交集，但是一方的存在的確離不開另一方。這兩個世界已經緊密相連，透過強大的貿易以及對咖啡成癮的強烈欲望，導致彼此的命運互相交織。我們愛上咖啡不過是幾百年的歷史，咖啡不僅改變這片土地的景觀，影響照料這些作物的民眾，也改寫文明的節奏。

然而不僅僅是咖啡的味道揮舞魔法棒創造這些奇蹟。至關重要的是，造成咖啡苦味的微小分子以及該分子一旦進入我們的大腦，對我們意識狀態造成的影響。從我這個距離，不可能看到滿山發亮的綠葉如何將強烈的熱帶日照以及腳下紅色土壤的養分轉化為一、三、七——三甲基黃嘌呤。咖啡樹已經把這些山坡地變成了咖啡因生產工廠。讓人難以理解的是，這麼安步當車、靜謐的世界，怎麼會變成另一個講求快速、精神奕奕、勤奮認真世界的動能？而我即將從這裡回歸到那個忙碌不堪的世界。

歪斜地站在咖啡因產地的陡峭山坡上，我滿腦子想的是，你必須大力肯定咖啡樹這種植物。在不到一千年的時間裡，它成功地以我們人類為媒介，一路從演化的起源地衣索比亞輾轉來到南美洲的山區，甚至更遠的地方。想想我們為這植物所做的一切：空出兩千七百多萬英畝的土地作為它的棲息地；指派兩千五百萬人細心照料它；提高它的售價，讓它成為地球上最珍貴的作物之一。

這種驚人的成就得歸功於植物在陰錯陽差或誤打誤撞之下，演化出最聰明的生存策略之一：分泌一種提振精神的化合物，這種化合物碰巧能刺激智商最高的靈長類的大腦活動，激勵該靈長類勤奮不懈，完成各種英雄式成就，其中許多成就反過頭來嘉惠該植物本身。咖啡與茶因為滿足人類的欲望而受惠（一如其他許多植物），不過這兩種咖啡因飲料也協助催生讓他們不斷壯大文明與社會。這些社會的特色是被全球貿易圍繞，被消費資本主義主導，被沒有咖啡因幫忙就起不了床的物種支配。

當然，這一切始於歷史與生物學的一個意外，還記得那個衣索比亞牧羊人看到山羊吃了咖啡果活力充沛，忍不住也好奇地吃了咖啡果的故事嗎？但這就是演化的過程。自然界最有利的意外，成為統治世界的演化策略。誰會想到，植物為毒害昆蟲而分泌的次級代謝物會讓人類大腦覺得振奮與愉悅，然後改變大腦的神經化學，最後讓這些植物變得不可或缺。

問題來了，人類（智人）與這兩種咖啡因植物（咖啡和茶）的共生關係中，那一方受益更大？我們可能缺乏做出公正判斷的視角，也沒有意識到我們「利用」植物，實際上可能是植物在利用我們。我們人類的腦袋大、常自以為是，理所當然認為人類可全權處置這兩種「馴化」的咖啡因植物，包括把它們運往我們選擇的目的地，決定可在哪裡種植它們，還靠它們賺進數十億美元，並用它們滿足我們的需求與欲望。「我們才是當家作主的人」，我們這麼告訴自己。「你當然是」，但這不正是成癮者會掛在嘴邊的話嗎？別忘了，已知咖啡因會讓人產生自大、高高在上的妄想，所以如果由咖啡與茶自己寫出征服世界的故事，內容勢必會非常不同。

我繼續磨合和咖啡因的關係。我努力留住在「咖啡戒斷之旅」得到的頓悟（靠紀念記住這些頓悟），我頓悟到自己和咖啡的關係，有比成癮更好的方式，既可保障我的行動力，也能讓咖啡發揮效力。所以有幾個星期，我只在週六喝咖啡。這顯著改善我週六的品質，因此我漸漸會在週間也喝一點咖啡因飲料，尤其是精神不濟的早上，會來杯綠茶擺脫昏昏欲睡；或是來杯去咖啡因的咖啡，替想喝咖啡的味蕾解解饞。但是就像許多對咖啡上癮的人一樣，拿捏非常困難，一不小心就失足；腦袋會編造嚴謹的論據，為的是削弱咖啡的各種好處。我認為，執行絕對的禁令要比允許例外的禁令容易執行，因為後者易受到合理化與自我欺騙左右。

我最近的想法很簡單，週六喝一些咖啡因飲料，為了愉悅感（以及做家務），但也在其他特定時間喝，「當我覺得需要咖啡因的時候」。我把咖啡或茶視為工具，而非讓咖啡或茶左右我。我記得葛里菲斯告訴我，他有段時間正是用這種方式消費咖啡因。例如只有在重要計畫的截稿時間迫在眉睫，或是撰寫補助金申請計畫書時。的確，他告訴我這事時，正喝著中杯的星巴克咖啡，難道他和我視訊時，符合特殊情況？還是他的戒斷計畫已告失敗？但是我的戒斷計畫應該撐得下去，至少我會努力。

以今天上午為例，今天並非週六。我正在寫這篇報導的最後幾段，累人的工程。大家習慣談論文章開頭的重要性，但是結尾也同樣重要，理想情況下，若結尾寫得好，當讀者闔上這本書，即便過了好一陣子，仍會覺得餘音繞樑，深有感觸。（假設你已讀到這裡——你的確已讀到這裡。）我已連續幾天遲遲未動筆寫結語，因為不確定要如何處理才好。你們應該記得，我是在危機下開始寫這篇文章，當時（為了這報導）已戒掉咖啡因，連帶也喪失信心，不確定這篇報導的價值。所幸最後找到方向，也在不碰咖啡因的情況下，成功地重燃對咖啡因這課題的興趣。我已擺脫咖啡因的束縛，或者說，這是我一廂情願的想法。

今早我終於在截稿時間的壓力下，開始動筆寫下最後幾行字。我覺得我需要（說實話）也覺得我應該有資格喝點什麼，激勵我跑向終點線。但是今天才週四，交稿時間在即這理由足以打破我自訂的週六規定嗎？朱蒂絲和我今早下山到乳酪坊，我還一直猶豫不決，直到我站在點餐隊伍的前頭，仍不確定自己要點什麼。當我嘴裡蹦出「請給我一杯正常的咖啡」，不僅咖啡師嚇到，連我自己也不可置信。

第三篇

麥司卡林

赫胥黎（Aldous Huxley）稱「靈魂主要的渴求」是尋找超越環境限制的一條門徑，走出限制我們的各種牆垣，這些牆可能是習慣、傳統或是個人的自尊。對赫胥黎而言，麥司卡林提供他「一扇牆中門」。

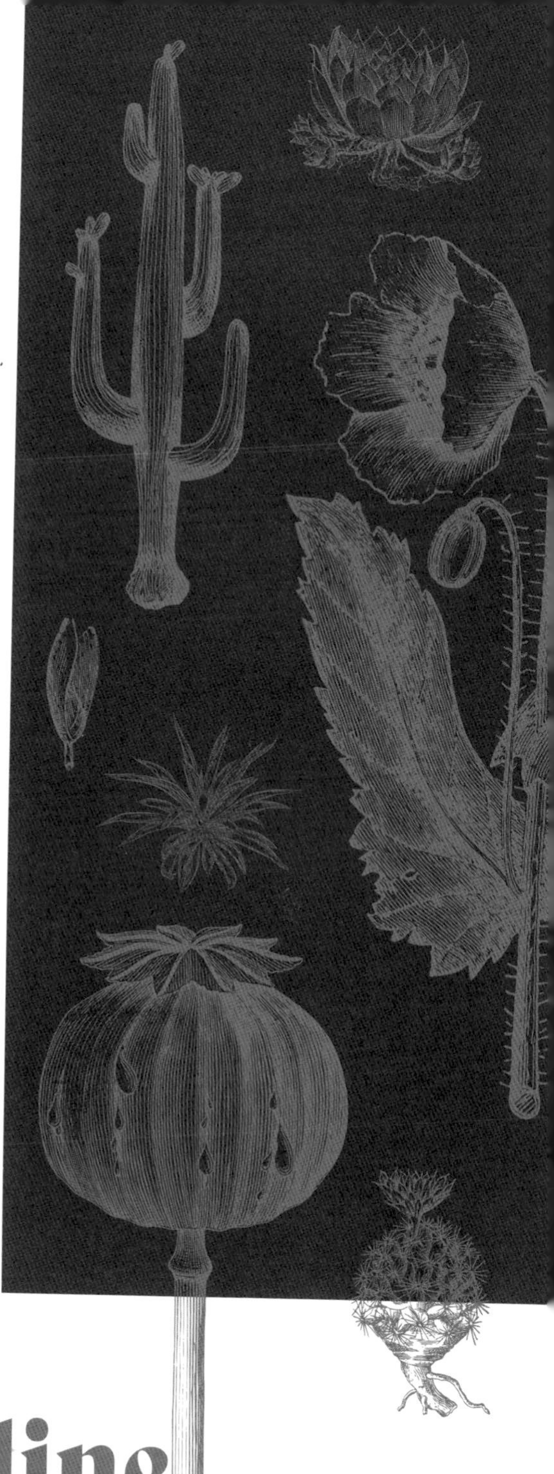

Mescaline

牆中門

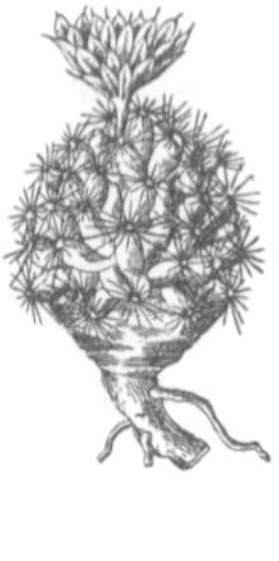

一切準備就緒，所有事情搭配的天衣無縫。報導行程已做了安排，確定要訪問的地點與對象，有關麥司卡林的報導，所有敘事元素有條不紊地陸續登場。在四月，我會飛到拉雷多（Laredo），然後開車前往烏羽玉農場，農場位於格蘭河（Rio Grande）兩岸的荊棘灌木叢地帶，是世上野生烏羽玉仙人掌放肆生長的唯一地點。仙人掌專家（拼法是cactusolotist？還是cactologist？我不確定）馬丁・泰瑞（Martin Terry）表示願意帶我參觀花園，然後與一群來自幾個不同部落的美國原住民碰面。他們每年都會來此朝聖，以他們部落的儀式採收烏羽玉這種不起眼的小型仙人掌。在西方文化裡，烏羽玉是相對神祕的「致幻劑」（屬靈藥），但是對於美國原住民教會（NAC）而言，烏羽玉是珍貴的聖物。該教會興起於一八八〇年代，時值北美印第安文明瀕臨毀滅。我採訪過幾位北美印第安原住民，根據他們的說法，烏羽玉儀式對於種族滅絕、殖民主義、酗酒所造成的創傷具有療癒之效，且療效勝過他們所嘗試過的一切方式。我安排了一次機會，想親眼目睹烏羽玉儀式。除了受邀旁觀，若運氣夠好，甚至可與會，這個聚會是精心編排的通霄儀式，通常在帳篷裡圍著火堆進行。然後是全天的聖佩德羅儀式（聖佩德羅是另外一種會分泌麥司卡林的仙人掌，出自安地斯山脈，西班牙征服美洲新大陸之前，印第安人已使用數千年。）聖佩德羅儀式將由唐恩・維克多（Don Victor）主持，他是住在庫斯科（Cuzco）的薩滿，我幸運爭取到一張邀請函。這篇關於麥司卡林的報導可望開始成形。我很興奮，這篇報導讓我得以和自己習慣的世界保持一些距離，不僅是地理上，也包括文化與藥理學上的距離（我從未嘗試過任何一類的麥司卡林）；甚至涵蓋語言的距離，因為諸如「毒品」、「致幻劑」等我倚賴與慣用的西方術語，在我冒險進入的儀式裡，被視為有侮辱性與攻擊性。我聽說有位記者與惠喬爾部落（Huichol）一位薩滿交談時，稱烏羽玉是毒品，結果這位薩滿回道：「阿斯匹靈是毒品，烏羽玉是造福人類的聖物。」

然後在三月中旬，新冠疫情突然席捲全球，打亂了我們所有計畫。唐恩無法遠行，我到德州的朝聖之旅被迫取消，十一月的儀式也被擱置。也許情況會在十一月好轉吧（所有與會人士都這麼希望），但是時序從年初進入到夏天，新冠疫情並未退燒。我漸漸不抱希望，不期待能夠出遠門，也不奢望採訪與報導能以視訊以外的方式進行。出遠門是為了拓展自己的知識（自己的思想），培養新的視野與經歷不同的體驗，突然之間出遊變成難以想像的奢望，感覺就像一個人的思想境界突然被劇烈地縮小深度。此外，依賴移動與人際互動進行的各種體驗也被限縮。至於這現象還會持續多久，沒有人知道。

這並非全是壞事。二〇二〇年的春天是大家有記憶以來最美麗的春天，我懷疑這主要是因為我們大家第一次放慢腳步，而且放慢的時間夠久，才充分注意到春天的景緻。朱蒂絲和我每天早上和傍晚都會在柏克萊山散步，逐週紀錄花卉綻放的進度：三月是木蘭花與山茶花，四月換紫藤登場，五月是散發花香的茉莉與玫瑰，六月是罌粟花與雛菊。大自然繼續燦爛地花枝招展，無視肆虐的新冠病毒。但是按下「暫停鍵」過了幾週幾近幸福的時光後，低級別的幽閉恐懼症開始浮現。當佛奇（Fauci）*表示，我們可能得再過一年這樣的生活時，我被迫正視「這」就是現階段的生活常態，而且久到看不到盡頭。暫時擱置的新奇體驗可能「永遠無法」成真。我期待寫下的人生篇章（有關麥司卡林的篇章，以及從它學到的知識，包括原住民文化、新宗教的誕生、仙人掌的植物學，乃至人類意識狀態的各種可能性），也許都將繼續空白下去，像其他許多東西一樣，因為新冠疫情而取消。

有好幾天，我為此抱憾不已，後來發現自己是小題大作，因為根據二〇二〇年的損失

---

* 對於未來的讀者而言，佛奇曾是美國人都認識的公衛專家，全名是安東尼・佛奇博士，擔任美國「國家過敏和傳染病研究院」的主任，也是白宮的新冠病毒顧問。我在寫這篇報導時，他的名字家喻戶曉，無須多此一舉地介紹或使用全名。

規模，我的損失無足輕重，所以我決定換個角度思考這問題。當然，我可以等著打疫苗、打電話給編輯，或是把報導推遲一年或一年多之後。我也可以把歷史與生活為我設置的這個障礙視為一種動力，激勵我更用力與更有創意地思考，看看能否克服、繞過，或是用某種方式解決這個障礙。得想個可行的辦法。

然後在一個陽光燦爛的六月下午，亦即二〇二〇年春夏交替之際（這也是新冠疫情爆發後的第一個夏天），我重讀赫胥黎（Aldous Huxley）的《眾妙之門》（*The Doors of Perception*），書裡赫胥黎描述他在一九五三年第一次體驗麥司卡林的心得。赫胥黎稱「靈魂主要的渴求」是尋找超越環境限制的一條門徑，走出限制我們的各種牆垣，這些牆可能是習慣、傳統或是個人的自尊。對赫胥黎而言，麥司卡林提供他「一扇牆中門」。

這時我突然靈光乍現，也許麥司卡林能給我答案，指引我繞過（或穿過）眼前面臨的障礙。如果說，有什麼報導不須離開家就寫得出來，那肯定是關於一種能把人的思緒帶到另一個地方的分子，這下解決了因為疫情而無法遠行的障礙。在此強調一點，我從未嘗試過麥司卡林，無論是烏羽玉、聖佩德羅，還是人工合成的麥司卡林藥錠，也不知可透過什麼管道取得這些東西。

但是這個樂觀的想法（也可以說是瘋狂的想法）已經在心底紮根，也許麥司卡林不僅是報導的主題，也是能讓我不離家就可完成報導的工具，當然必須搭配視訊軟體Zoom。

孤兒致幻劑

我最近才迷上麥司卡林。我在一九九〇年代第一次閱讀赫胥黎的作品時，尚未嘗試過任何「典型」致幻劑（classic psychedelics），所以習慣把麥司卡林和這些典型致幻劑放在一起，初次閱讀《眾妙之門》時，以為該書描述的是任何一種致幻劑造成的致幻體驗。一九五四年《眾妙之門》出版，LSD（D—麥角酸二乙胺）才剛問世（由瑞士的桑多茲實驗室在一九四〇年代合成），又過了幾年，西方才知道什麼是西洛西賓（psilocybin），背後推手是高登·瓦森（R. Gordon Wasson）一九五七年在《生活》雜誌發表的一篇文章，內容講述「會導致奇怪幻覺的蘑菇」。雖然「致幻劑」一詞直到一九五六年才問世，但赫胥黎一九五三年描述麥司卡林的致幻體驗，至今仍是「致幻劑體驗」的《聖經》。

直到我試用一長串致幻劑分子的菜單後——LSD、西洛西賓、五—甲氧基二甲基色胺（5-MeO-DMT）與死藤水，我才開始納悶，為什麼麥司卡林（菜單上滿不起眼的一道菜）鮮少被遇到，也甚少被人討論。而今體驗這些致幻劑後，重讀赫胥黎，已可分辨麥司卡林與

其他致幻劑的區別。赫胥黎並未描述他離開已知的現世，前往充滿奇怪人物或突兀視像的「彼世」；實際上，他隻字未提幻覺。他並未向內探索底層的心靈，或是挖掘被壓抑的記憶。他也未溶解自我以便能和宇宙、上帝或自然合而為一。他沒有描述服用（典型）致幻劑後的啟靈體驗（epiphany）——頓悟到愛是宇宙最重要的東西。

沒錯，赫胥黎仍然在這個地球上，坐在洛杉磯自家花園裡，觀察周遭熟悉的世界，只不過透過完全不一樣的雙眼：

「這才是一個人應該看到的，」邊說邊低頭看著褲子，抬頭瞥一眼書架上用珠寶裝幀的書籍，接著看一眼遠比梵谷式椅子華麗的椅腳。我不斷地說：「這才是一個人應該看到的，這才是事情真正的本質。」

赫胥黎視力不佳，但這個下午卻例外，看得見周遭物質世界的美感、細節、深邃，以及「如是」（Suchness）——所見即「真實」，不管那是什麼意思。（我想知道這種極端又新穎的觀察力，是否能像打動男性一樣打動女性？我傾向對此打問號。）赫胥黎花了數小時（與數頁篇幅）闡述一把椅子、一束花、身上灰色法蘭絨長褲的褶皺，想參透它們的「存在」（is-ness），他被「它們赤裸裸存在這樣的奇蹟」所吸引。這些東西沒有站起來跳舞，沒有把自己變成濕婆神，沒有和祂交談——它們只是「存在」（being），太讓人驚歎！「這是萬物的本質與原貌。」問題來了，為什麼我們不能一直用這種方式看世界？赫胥黎認為，一般意識（ordinary consciousness）已進化到限制感官獲得的訊息進入意識，自動屏蔽不需要的資訊。理由是，以免我們老覺得驚歎或癱坐在椅子上，我們會站起來，完成生活裡該做的事。赫胥黎承認，不斷被周遭客觀的存在震撼有其危險，表示：「如果一個人總是這麼看世界，他就永遠別想做其他事了。」

這就是為什麼我們對周遭世界的感知「僅限於生物學或社會學上有用的事物」；我們的大腦演化到只感知我們生存所需的資訊，這些資訊「少之又少，猶如快枯竭的水滴」，僅此而已。但是現實遠不止這些，四百毫克的麥司卡林硫酸鹽（mescaline sulfate）就是打開赫胥黎所指的意識「減壓閥」（reducing valve）——亦即打開感知之門。因為新冠疫情而被隔離的期間，我閱讀赫胥黎對麥司卡林的描述，讓我對這致幻劑更加迫不及待，躍躍欲試。一個分子可以加深或擴大一個人對現實的感知，顯示我們的意識有策略可以天衣無縫地適應隔離與封鎖。我想到莎士比亞為陷入另外一種幽閉恐懼症的哈姆雷特所寫的台詞：「就算把我關在果殼裡，我會把自己當作是擁有浩瀚無邊領土的國王。」要做到這點，麥司卡林不失為一個辦法，它不是用來逃離現況，而是擴大現況。與其說是換一個現實，不如說是讓這個所處現實無限擴大。

赫胥黎體驗麥司卡林因為他想了解，自己的感知以及它和現實的關係。毫無疑問，他的已知和已學都受到心智偏好和之前概念的影響，如同他所言，他希望擺脫這些東西，以便更接近「直接感知」的現實。（如果《眾妙之門》有一個惡棍，應該是文字與概念，它們會限制感知，這對作家而言也許是一種諷刺，但也可能不是，因為作家敏銳地意識到這些創作工具的侷限性以及詞不達意之憾。）赫胥黎作為西方知識分子與作家，作為移居洛杉磯的英國人，以及「視力出問題的人」，他的疑慮與動機在在影響他對麥司卡林的體驗。赫胥黎也許老是講到「直接感知」，但是他睇著椅子時，無法不想到梵谷；凝視自己褲子的褶痕時，無法不想到波提切利（Sandro Botticelli）畫作裡衣飾的皺摺紋路。儘管赫胥黎有時確實提到東方的藝術與思想，但他在麥司卡林體驗裡，個人的內部狀態（set）與外在環境（setting）仍以西方或白人觀為主。

然而赫胥黎書中的分子英雄是來自北美洲的原住民以及原生植物，後來才進入到西方，你可稱這分子是禮物，或者一如有些人所稱，是西方白人偷來的贓物。儘管麥司卡林是德國化學家在一八九七年首次從烏羽玉仙人掌（學名Lophophora williamsii）中提煉出來的精神活性分子，然後在一九一九年，一位奧地利化學家首次以人工方式合成了麥司卡林，但是烏羽玉仙人掌本身已被北美原住民使用了至少六千年，是當今已知最古老的致幻劑，也是第一個被科學界研究以及好奇心重西方人吸食的致幻劑。

一些好奇、感知敏銳的西方人，尤其被麥司卡林再現的「彼岸」所吸引。法國作家與劇作家安托南．阿爾托（Antonin Artaud, 1896-1948）受麥司卡林吸引，因為它「並非為白人生產」的致幻劑。他在墨西哥遇到塔拉烏馬拉人（Tarahumara），這些原住民力阻阿爾托吸食麥司卡林，擔心會冒犯神靈。「對於這些原住民而言，白人是被神靈拋棄的人。」對於像阿爾托這樣國際化的西方人而言，麥司卡林有能力重新魅惑（re-enchant）眾神已離開的世界。

不管是人工還是天然的麥司卡林，儘管化學成分與結構相同，但是人工合成的麥司卡林對於西方人的用途與意義，相較於烏羽玉仙人掌對原住民的用途和意義，差異簡直是不能再大了（幾乎是天壤之別）。心理學家提摩西．李瑞（Timothy Leary）指出內在狀態與外在環境足以影響致幻劑的體驗，內在狀態與外在環境的重要性當然也適用於文化與個人層面。上面一句話使用「化學」一詞，暴露我的傾向。然而我在探索麥司卡林涵蓋的兩個世界時（西方世界與原住民世界），我希望至少能夠試著理解分開兩者的鴻溝，如果做不到搭橋連結的話。赫胥黎對麥司卡林的描述（或是我的描述。如果我也想寫一個的話），是否完整呈現美洲原住民對烏羽玉的體驗？他所敘述的現象（百分之百專注並融入麥司卡林的世界），是否吻合原住民對自然的理解？是否也認為自然不僅是象徵神靈的符號，也是神靈顯現在外的模樣？我對原住民開始擁抱烏羽玉的時間感到震驚，就在他們的世界被徹底箝制的時候

（說他們被束縛地動彈不得並不為過，彷彿被關在果殼裡。）當時是一八八〇年代，大平原印第安人（擁有浩瀚無邊領土的國王）喪失在西部自由棲息的權利，被趕到保留地，就在這時候，他們開始使用烏羽玉，到底想藉此實現或恢復什麼呢？

我首先需要回答一個更直接、更尋常的問題：赫胥黎出書描述麥司卡林有多神奇後，麥司卡林在西方究竟發生了什麼變化？結果它似乎銷聲匿跡。差不多在同一時間，北美洲原住民開始大量使用烏羽玉（一度導致烏羽玉仙人掌缺貨，供不應求成了須火速解決的問題），麥司卡林似乎絕跡，供應也斷炊。而今科學界重燃對致幻劑的興趣，但是我未聽說在美國有任何一個研究專案以麥司卡林為研究對象。*

我想知道，這是否是因為LSD和西洛西賓是更好的致幻劑，但是我在「致幻劑社群」打聽詢問後，得到的回覆恰恰相反，大家都喜歡麥司卡林！一位三十多歲經驗豐富的靈異航員（譯註：psychonaut，指透過藥物、冥想、自我催眠等方式探索自己心靈的人）告訴我，最近他終於得到一些合成的麥司卡林，使用過後，不敢置信自己到底錯過了什麼。

「你們為什麼一直瞞著我們這點？！」他對那些結合致幻劑與音樂的人士（psychedelic

* 之後我獲悉兩個與麥司卡林相關的研究專案已進入籌備階段，一個在阿拉巴馬大學，另外一個在舊金山灣區一家生產致幻劑的新創製藥公司——Journey Colab。

elders）提出這樣的質問，稱：「嬉皮族從以前到現在一直隱藏麥司卡林這麼好的藥物！」他接著表示，麥司卡林具備「溫暖」、「溫和」、「保持清醒」等特質，優於LSD銳利的「刺激」，也優於讓人重複冒出恐懼感的死藤水。

其中有位結合致幻劑與音樂的人士是六十多歲的女子，我和她透過Zoom視訊交談。我叫她伊芙琳（Evelyn），自一九八〇年代以來，她一直在北加州領導一個麥司卡林活動，這是一個不怎麼嚴謹師法原住民烏羽玉儀式的通霄活動，她覺得麥司卡林這種藥物（「請勿稱它為毒品」）適合儀式裡的社群體驗，也適合彈奏音樂與演唱歌曲。（在她主持的儀式裡，與會者會唱誦。）

「大家在服用麥司卡林後，彼此更加心連心。」伊芙琳提出解釋。「麥司卡林不會把你送到半人馬座阿爾法星，所以你不太可能讓靈媒（巫師）尷尬地下不了台。」伊芙琳描述她主持的儀式，讓我了解到，我劃了一條清晰界線，區隔西方和原住民對麥司卡林的用途，但這條界線在某些地方可能不是那麼一清二楚。此外，得先克服文化挪用（cultural appropriation）這個近在眼前的棘手問題。

我認識一位猶太教拉比，他長期以來對致幻劑療法深感興趣，他明確地說：「麥司卡林是物質之王（king of materials）。」他提醒我，鑽研致幻劑的傳奇化學家亞歷山大．「薩沙」．舒爾金（Alexander “Sasha” Shulgin）和他的見解一致。舒爾金曾在杜邦公司擔任化學家，繼而在一九五〇年代末一次麥司卡林致幻體驗時，找到職涯的重心。他在加州拉法葉自宅後院的實驗室合成數百種致幻劑化合物，其中許多化合物是微調麥司卡林的化學結構，他宣稱麥司卡林是他的最愛。（緝毒局非常尊重舒爾金的專業，只要他們查獲無法辨識的毒品就會向他求助；作為交換條件，緝毒局頒給舒爾金一張許可證，允許他使用第一級毒品的化合物。）

舒爾金的職涯轉彎發生在赫胥黎體驗麥司卡林之後數年：「這一天將歷歷在目保留在我的記憶裡，這一天毫無疑問確認我人生的整個方向。」透過麥司卡林，他描述自己看到數百種差異細微的顏色，悉數是之前未見過的顏色。數年後他寫道：「那個世界讓我驚歎，因為我看到了小時候的世界，這比什麼都重要。」

「那天最令人震撼的心得是，這種精彩的記憶重現是不到一公克的白色固體所賜，但無論如何也絕對不能稱這些記憶被包含在這個白色固體裡。」實際上，舒爾金明白，這些記憶來自於內在心靈（psyche），它包含一個「完整的宇宙」（不管你明白它存在與否），而且「有一些化學物質可以催化它，讓你更易接近它。」**

** 舒爾金把他的傳記取名為《化學的愛情故事》（*PiHKAL: A Chemical Love Story*）。「PiHKAL」是「我熟知以及喜愛的苯乙胺」等字眼的頭字母縮寫。苯乙胺是一種發現於植物與動物體內的有機化合物，麥司卡林與MDMA（俗稱搖頭丸）都是苯乙胺的衍生物。

我問那位猶太拉比，為什麼「物質之王」會變得如此稀有與珍貴。他說：「正在進行麥司卡林致幻體驗的人，可能會冒出這樣的想法，『這什麼時候會結束？』」麥司卡林致幻體驗一次須耗時十四個小時。「這代表決心與承諾，」他說。這或許可說明它何以會在科學研究中缺席，反觀西洛西賓（慣用於實驗與藥物臨床試驗的致幻劑）所需時間則不到麥司卡林的一半，讓與會者來得及回家吃晚飯。對麥司卡林的另一個打擊是，一劑需要用掉半公克的麥司卡林；相較於LSD，它的劑量單位是微克（百萬分之一公克）。在非法毒品交易中，用料愈多，風險愈大。這或許解釋了為什麼在一九六〇年代中期左右，幾乎無重量可言而且易於藏匿的LSD，取代了麥司卡林，成為孤兒致幻劑（orphan psychedelic）。

至於可提煉麥司卡林的植物，例如德州收成的烏羽玉最後多半被原住民所持有。自柯林頓總統一九九四年簽署《美國印第安人宗教自由法修正案》（*American Indian Religious Freedom Act Amendments*）以來，印第安人享有合法使用麥司卡林的權利。我聽說，如果你不是原住民部落的一分子，幾乎不可能取得烏羽玉。此外，非原住民持有、種植、運送、購買、出售以及使用烏羽玉，都算犯了聯邦罪。根據許多原住民的說法，這規定天經地義。烏羽玉對印第安原住民非常重要，加上烏羽玉仙人掌荒的問題，所以他們這麼說不無道理。

還有聖佩德羅仙人掌也會分泌麥司卡林，只不過濃度較低。我從來沒有聽聞過這種植物，但是原產於安地斯山脈的聖佩德羅仙人掌在加州已非常普遍，被當成觀賞用植物栽種。

不同於烏羽玉仙人掌，種植聖佩德羅仙人掌完全合法。不過奇怪的是，除了少部分圈內人，似乎很少美國人或歐洲人知道聖佩德羅。其中一位人士告訴我，柏克萊到處都種了聖佩德羅，只要你有心找，一定找得到。難道我渴望的東西就藏在明處我卻視而不見？

我們與仙人掌相遇

果然如此！聖佩德羅不僅在柏克萊到處生長繁殖，連我家花園也種了一株，快樂地長了好幾年，只不過園丁不知道，因為曾幫我修剪這株仙人掌的園丁不叫它聖佩德羅，而是用南美洲原住民的蓋丘亞語（Quechua）稱呼它，叫它「瓦丘馬」（Wachuma）。

老友的兒子威利在停學壯遊那年去了趟祕魯，誤打誤撞栽進薩滿與植物醫學的世界。他在父母家的後院栽種了大約六株瓦丘馬，幾年前我們夫妻到他父母家吃晚飯，他剪下一截要我們帶回家種。威利稱瓦丘馬在祕魯是一種神聖的藥用植物，我當時並未把瓦丘馬和麥司卡林聯想在一起。（科學家長期以來也未在兩者間建立交集，直到一九六〇年之後，科學家才確認瓦丘馬分泌的精神活性生物鹼是麥司卡林。）我向來樂於在花園裡添加更多可振奮精神的植物，因此欣然接受這個禮物。威利也告訴我，我這株仙人掌的父母出自舒爾金花園扦插繁殖的後代，亦即我這株瓦丘馬出自名門。

後來我才知道瓦丘馬就是聖佩德羅，而這個名字源於耶穌使徒「聖彼得」，他握有通

往天堂的鑰匙。聖佩德羅既暗示該植物的神奇力量，也能安撫西班牙人，因為西班牙人是天主教徒，對於基督教以外的聖禮有異見，不見容植物充當聖禮的想法。（幾世紀後，美國原住民教會也採取類似做法，採用一些基督教元素，諸如自稱教會，以免這個新興宗教的異教色彩過重。）

我把這個兩英寸長的枝條種在一個仙人掌拼盆裡，讓它保持溼潤，幾週後它往下生根，沒多久長出三根高度不一的優雅柱子，猶如燭台。表皮光滑，顏色是軍綠色中帶點藍。每根直柱（仙人掌專家稱之為「蠟燭」）各自長出六條垂直肋骨（縱稜），每條肋骨上每隔幾英寸就有一個小氣孔，從小氣孔中長出五根短尖刺。這些垂直肋骨在每個柱子的頂端會合，形成六芒星的圖案。

這個柱狀仙人掌漂亮、莊嚴、有建築風，有點像高第聖家堂教堂的模型。

知道前院裡的仙人掌可把陽光轉化為麥司卡林後，我對它的興趣更大了。但是要如何進行到下一步，從植物變成可使用的精神活性化合物，我則是毫無頭緒，也不知道我家的仙人掌是否到了可採收的階段。

我向基普・楚勞特（Keeper Trout）求助，他是研究聖佩德羅仙人掌的一流專家。唉，結果收穫有限（這麼說並無冒犯之意）。楚勞特可能是第一個同意以下看法的人：「沒有一個人」非常了解聖佩德羅的分類學以及植物學。聖佩德羅這個名稱泛指原產於安地斯山脈四種截然不同品種的柱狀仙人掌：Trichocereus pachanoi（通常被稱為聖佩德羅），另外三種較具爭議，分別是T. bridgesii（玻利維亞火炬仙人掌）、T. macrogonus（鈍角毛花柱），以及T. peruvianus（祕魯火炬仙人掌）。這四個原生種後來經過無數次雜交，進一步攪亂分類的界線。

楚勞特的作品《楚勞特論聖佩德羅與其他柱狀種仙人掌》（*Trout's Notes on San Pedro & Related Trichocereus Species*）在緒論警告：「我們發現你手中的作品沒有權威性可言。」謙遜的立場與書名有異曲同工之妙，以及：

> 我們還建議，如果讀者遇到任何一位自認是柱狀仙人掌專家的人，或是遇到任何一位堅信他們知道這些仙人掌差異的人，例如能分辨短刺祕魯火炬仙人掌與長刺聖佩德羅仙人掌之別的人，他們最好的反應可能是點點頭，暗示沒有和對方爭辯的欲望，讓對方繼續堅信自己是對的。

花了一兩個小時閱讀楚勞特的著作，瀏覽了數百張黑白照片，照片裡的柱狀仙人掌非常相似，種在不同的地方，包括玻利維亞高地、柏克萊的花園，以及塔吉特量販超市的苗圃內。我透過Zoom與楚勞特「視訊」，六十多歲的他身材瘦長、看起來有些邋遢。他人在加州門多西諾郡（Mendocino）附近森林裡的鄉間小木屋和我遠距連線。他慷慨地分享他對柱狀仙人掌的知識與熱情。儘管過去我曾向植物學家討教分類法這門深如「兔子洞」的學問，但從來沒有一個訪談像楚勞特一樣，結束後反而更困惑。有關仙人掌的分類，我的筆記充滿爭議、莫衷一是，猶如無政府狀態，我覺得沒必要公開，以免荼毒讀者。不過還是有一些明白易懂的有用資訊（儘管微弱），有助於揭開聖佩德羅的神祕面紗。

楚勞特提供的資訊中，最耐人尋味的一點是，科學家們確定哪幾種柱狀仙人掌含有可觀數量的麥司卡林後，一個惡名昭彰、專門採收仙人掌的富商（綽號DZ），想辦法買下北美洲所有已知能製造麥司卡林活性成分的仙人掌。為什麼？

「以免其他人買走，」楚勞特說。當時政府大刀闊斧對毒品宣戰，含有精神活化成分的植物（包括烏羽玉在內）都成了被取締的目標。楚勞特相信，DZ不希望聖佩德羅被列入「管制項目」，因為一旦被官方列入管制植物名單，持有或栽種都屬非法。他認為，如果美國年輕人知道，種植聖佩德羅以及萃取麥司卡林有多容易，政府就會開始打壓聖佩德羅仙人掌，並斬斷收藏人士採購聖佩德羅的管道。

楚勞特回憶道：「我在一九七〇年代與八〇年代剛進入這個領域時，幾乎不可能找到祕魯火炬仙人掌或是鈍角毛花柱。」因為整個柱狀仙人掌市場被DZ壟斷。他這策略有效嗎？嗯，至少聖佩德羅至今未被列入管制藥品名單；任何人都可以種植這種含有麥司卡林成分的植物，無須擔心觸法。

最後ＤＺ對致幻仙人掌失去興趣；楚勞特聽說他琵琶別抱，改收集牛仔帽。ＤＺ放棄收藏麥司卡林仙人掌，導致市場供過於求，終至各種型態的柱狀仙人掌氾濫全美。之後的幾年裡，諸多因素漸漸形成完美風暴，包括錯誤標示、名不符實仙人掌專家（勿從楚勞特開始算起）提出的差勁分類法，以及雜交種氾濫，在在造成混淆，搞不清楚哪些是「聖佩德羅」、哪些不是。然而這種混淆也並非全無好處，如果政府要掃蕩聖佩德羅，首先得明確指出被定罪的仙人掌叫什麼名字（一如對鴉片罌粟花的做法）。而我作為收藏人士，還是希望能確認自家花園的仙人掌是屬於那一個家族。

「別太斤斤計較它叫什麼名字，」楚勞特告訴我，他大概發現我愈來愈沮喪。「這些植物不會在乎我們怎麼稱呼它們。」

視訊結束後，我用電子郵件寄了張我家仙人掌的照片給楚勞特，他不覺得這張照片有什麼特別，稱：「它看起來像是灣區到處可見的雜交種，可能是聖佩德羅與祕魯火炬的混種。這個品種的致幻效力遠低於祕魯薩滿使用的品種，但它是美國最多人認識與成功使用的品種。」楚勞特也懷疑它的血統；舒爾金（楚勞特認識他）則對收藏對象非常講究，可能不會費心栽種這麼一個普通的雜交種。

那晚楚勞特用電郵寄給我一份聖佩德羅飲料的做法，一人份的飲料需要準備一大塊聖佩德羅仙人掌，長度與體積相當於一個人的前臂。由於我家仙人掌只有一根「蠟燭」符合這要求，所以我決定先暫緩製作，直到仙人掌長出兩條夠粗壯的前臂。

我收割了仙人掌，準備開始製作聖佩德羅飲料，此刻的我，完全無須擔心我家花園還是我會誤觸法律。割下前臂粗的枝條可能不會越過法律紅線：園丁可以說他剪下枝條是為了扦插繁殖之用，但是把聖佩德羅放在水裡煮可能會改變一切。一旦我把仙人掌去皮切片浸在水裡，我就觸犯聯邦罪，罪名是製作一級管制藥品的成分。不過在那之前，沒什麼好擔心的。

我可以在花園裡製作致幻劑，既不牽涉金錢交易，也不用擔心警方臨檢。雖然從這個仙人掌提煉麥司卡林在技術上屬於非法行為，但製作過程非常簡單直接，只要熬煮、濃縮、過濾。從開始到結束，整個過程無須添購任何設備或材料（假設有人送你一支扦插枝條），也無須與黑市有任何接觸。再者，到了這一步，根本不用戴上面具隱藏身分。對於封城而受困在家的人、為將來緊急狀況預作準備的活命主義者（survivalist），以及一毛不拔的人而言，聖佩德羅是絕佳致幻劑。

然而在這段封城期間，我家花園並非完全沒有被管制的植物，因為我還獲得一株烏羽玉（種它完全是出於研究目的）。這株矮小的仙人掌就種在高聳的聖佩德羅仙人掌旁邊，生長速度不僅比聖佩德羅慢，感覺也不是那麼開心。烏羽玉也是別人送的禮物，是封城前幾週，一個女子送我的，當時我和妻子在門多西諾郡南邊參觀一個公社，公社叫「鮭魚溪農場」。該公社像北加州其他公社一樣，幾十年前開始走下坡最後熄燈關門，但是我有位藝術家朋友最近買下這個地方並重新整修。朱蒂絲和我在週末去那裡參觀（不久前的週末），結果發現，即便離家外出或是遇到陌生人，完全無須擔心被新冠病毒感染。

少數幾個一開始就住在公社的元老，至今仍住在這個地方，星期六下午，他們和我們一起在花園裡吃午餐，感覺像是臨時的同樂會。期間我遇到一個女子，她叫奧羅拉（Aurora），在公社裡養大兩個孩子（或者說曾嘗試讓孩子在這裡長大），但是最後決定搬離公社，因為她認為這裡對孩子而言並不安全，所以改住到附近的一棟房子裡。奧羅拉是園丁也是麵包師傅，她很健談，彼此交談了幾分鐘後，她送我一罐她在一九七〇年代用麵粉與水養出來的天然酵母，以及一株烏羽玉（這禮物讓我始料未及）。

烏羽玉曾在公社人民的生活裡扮演重要角色。在一九七〇年左右，舊金山海特—艾許伯里區（Haight-Ashbury）的景象不變，反主流文化運動方興未艾，大批人急湧鄉間；在北加州，公社運動蓬勃發展。同一時間，大家開始對美國原住民以及原住民的文化產生濃厚興趣，特別是那些回歸田野的自耕小農。這些原住民真正地知道如何靠土地生活，擁有對自然的知識，也尊重自然，反觀白人孩子笨拙地學習他們的方式，倒頭來只能羨慕或努力模仿。同一時間，更主流的文化開始反思不當對待美洲印第安人的可恥過往，一如今天對種族主義的各種反思。小說家迪．布朗（Dee Brown）的知名作品《魂斷傷膝谷》（*Bury My Heart at Wounded Knee*）出版於一九七〇年，揭露一個讓人良心不安的故事，包括美國白人如何剝奪、殲滅印第安文化，剽竊他們的土地，撕毀條約、大屠殺、接二連三說謊與打破承諾等等。〔正如漢普頓．賽德斯（Hampton Sides）在最新版本的前言中所指，這本書在越戰進入高峰時出版，距離越南美萊村慘遭屠殺被報導後不久。「這本書不只一百個美萊村。」〕*

這一時期，社會開始廣泛使用「美洲原住民」一詞，認為比「印第安人」一詞來得更尊重當地部落。「印第安」這個後殖民用語是因為哥倫布探險隊走錯方向，誤以為自己到了印度，所以將美洲土著稱為「印第安人」。但是「美洲原住民」一詞其實也有問題，因為「美洲」也是歐洲人定的，源於歐洲探險家亞美利哥．維斯普奇（Amerigo Vespucci）誇大不實地稱自己發現了新大陸，歐洲便以他的名字命名新大陸。美國思想家拉爾夫．沃爾多．愛默生（Ralph Waldo Emerson）稱維斯普奇是「小偷」與「塞維亞的酸黃瓜小販」，「在這個謊話連篇的世界，成功取代哥倫布，讓半個地球以他狼藉之名命名。」根據人口普查局的

---

* 傑佛瑞．沃爾夫（Geoffrey Wolff）在《新聞週刊》的評論裡表示，他從未讀過一本書「像這本一樣，令我感到悲傷和羞愧。因為閱讀這本書讓我徹底明白，我們真的不知道自己是誰、來自哪裡、做了什麼，以及為什麼這麼做。」

數據，近年來更多原住民受訪者認為自己是「印第安人」而非「美洲原住民」。我在本書會兩個用詞換著使用，取決於上下文，但我承認，沒有讓人滿意的解決辦法。〔加拿大用「第一民族」（First Nations與（First Peoples）等用詞解決這類問題。〕

反主流文化擁抱美洲原住民這個用詞，至少接受該詞背後對原住民的想法。公社成員可從印第安人身上學習太多東西，不僅關於自然世界，也關乎小部落如何共同生活，還有如何重新調整他們的心靈與精神，因此一些公社借用原住民使用烏羽玉的宗教儀式可能並不令人意外。這些公社成員已經熟悉致幻劑的影響力，尤其是LSD，但LSD是合成的化學品，一如DTT、橙劑、催淚瓦斯等等。反之，烏羽玉代表更貼近自然、真實、古老等價值，是發現於新世界的不同選項，還具備原住民的血統。當時，一些聚集在德州沙漠的勇猛嬉皮人士還有可能拿到烏羽玉仙人掌。

一九七五年，鄰近鮭魚溪農場的一個公社聚居在愛達荷州的桌山下（Table Mountain），奧羅拉在這裡參加了她生平第一個烏羽玉儀式，儀式據說遵守美國原住民教會的嚴格規定（奧羅拉提醒我說：「當時我們都不知道『文化挪用』是什麼。」而今想到這點，她略感尷尬。）不久之後，鮭魚溪農場也開始自己的烏羽玉儀式，通常在春分、夏至、秋分、冬至舉行。

「我們認為這儀式最大的吸引力在於，我們覺得自己來這裡是為了尊重我們生活的土地，學習與自然和諧相處，這正是我們認同美洲原住民儀式的意義。」

但是在一九八二年或八三年，公社成員邀請幾位真正的原住民參加儀式，他們從新墨西哥州趕來。「我們非常興奮！這些原住民搭建帳篷，收集柴火，要求我們原封不動遵守所有的規定。我們馬上發現，他們的儀式與我們之前做的完全不同。」

「哦，該死，這下我懂了，」奧羅拉回憶道。「我們那時的做法不對。我們借用他們的儀式，然後變成別的東西。」（至少沒有包含唱誦。）「但這是他們的東西，我們再也不會這麼做。」她的公社仍繼續在春分、夏至、秋分、冬至舉行烏羽玉儀式，但不再堅持如實呈現他們的「原汁原味」。

在那段期間，鮭魚溪農場的成員多半使用來自德州的烏羽玉仙人掌，後來奧羅拉決定自己種，沒多久便發現烏羽玉是個慢郎中，生長速度極慢，從種子長到可收成的鈕扣樣子，大約需時十五年。她帶我去一個小溫室參觀她的成品。裡面的烏羽玉像石頭一樣緊貼地面，外觀猶如一個圓形的藍綠色枕頭（讓我想到插針包），裂片（瓣）形成幾何圖案，每個裂瓣都有一個毛茸茸的白色小乳點，應該是長刺的地方；花苞從頂頭中間冒出來。烏羽玉外型嬌小、無刺、很容易被忽視，但因為複雜的圖案，顯示這植物既神祕又具有某種力量。

成熟的烏羽玉偶爾會繁衍下一代——從主株邊緣分裂出更小的子株。奧羅拉用小鏟子小心翼翼地把子株從母株身上分離出來，務必讓子株與主根相連，主根就像一根短胖的胡蘿蔔。她把這個鈕扣狀烏羽玉移植到小塑膠盆裡，然後放入一些培養土，把這植物當禮物送給我。我把它帶回柏克萊的家，我家花園立刻變成了「非法毒品實驗室」（至少在法律眼裡）。

我對家裡新添的烏羽玉仙人掌有很多疑問，包括園藝、植物學，以及法律層面的問題，所以我聯繫了植物學家馬丁．泰瑞，他在居家禁足令生效前提議可帶我參觀德州的烏羽玉農場。泰瑞在哈佛大學期間是理查．伊文斯．舒爾茲（Richard Evans Schultes）的學生，後者是執牛耳的民族植物學專家，深入研究原住民文化使用精神活性植物的現象。

就在我和泰瑞交談前不久，我家的烏羽玉受了傷。不知什麼動物咬掉它五個小瓣中的一瓣，在外觀上留下一個難看的凹痕，緊鄰凹痕的旁邊，留下被咬掉的仙人掌肉，顯然被元凶嫌棄而丟在那兒。我很肯定罪魁禍首是誰：一隻在我家灌木籬笆裡築巢的叢鴉（scrub jay）。我曾捕捉到牠很有辦法地把豌豆苗從土裡拽出來，準備吃掉豆苗的種子。

泰瑞住在德州的艾爾派恩（Apline），並在當地的蘇爾羅斯州立大學生物系執教多年，我透過視訊和他交談，告訴他自家烏羽玉的狀況。他猜應該是叢鴉咬了一口烏羽玉，然後吐掉果肉，因為果肉所含的麥司卡林生物鹼味道太苦。

泰瑞說：「看來烏羽玉的味道被一些草食性動物嫌棄。」他以分布在德州與墨西哥邊境的美洲本土野豬（javelina）為例，稱這個體型比一般豬小的哺乳類不喜歡這種味道。泰瑞為了讓人確信為真，他將烏羽玉仙人掌的頂冠放在一個扁平的石塊上，石塊附近的足印證明野豬在這裡活動頻繁。隔天早上，他發現「烏羽玉的頂冠被翻動，邊緣被輕輕咬過，然後不例外地被吐到幾英寸外。我相信這結果又貢獻了一個數據點，顯示美洲本土野豬也不喜歡麥司卡林的味道，這讓麥司卡林被歸類為化學防禦機制。」人類也不喜歡烏羽玉的味道，但是學著忍受它。

泰瑞最近卸下教職，但依舊忙碌，為了一個新成立的組織「原住民烏羽玉保育倡議」（IPCI）奔走，他受聘該組織擔任植物學家，該組織致力於保護烏羽玉的生長地，確保美國原住民教會的烏羽玉貨源不斷，最後目標則是透過人工栽培，一勞永逸解決野生烏羽玉缺貨的問題。儘管IPCI一開始是由加州白人慈善家與臨床心理醫師寇迪・史威夫特（Cody Swift）成立，不過該組織的基礎建立在「美洲原住民權益基金會」，以及美國原住民教會全國委員會提供的協助，這兩個機構的會員擔任IPCI的董事，也負責制訂IPCI的議程。最近IPCI在德州拉雷多（Laredo）買了六〇五英畝的地種植烏羽玉，讓美國原住民能到此朝聖，並親自採摘烏羽玉，而非只能向德州政府核可的烏羽玉大盤商採購。

合法的烏羽玉大盤商（並非美國原住民）採摘烏羽玉時動作很快，經常把烏羽玉直接連根全部拔出來，彷彿在拔紅蘿蔔。偷摘的賊做法也差不多。如果採摘時只摘綠色鈕扣的部分，讓地底下的部分以及根部原封不動，烏羽玉還會繼續繁殖，長出新的鈕扣，不過這需要技巧以及放慢速度。泰瑞表示，許多烏羽玉大盤商雇用高中生採收烏羽玉，並論件計酬，這些孩子當然不會費心善待這些仙人掌。趁著夜黑盜摘的賊也只想速戰速決，別奢求他們會用正確方式摘採綠鈕扣。

但是烏羽玉供不應求是因為需求有增無減，加上採摘方式易讓母株「絕後」所致。近年，美國原住民教會快速成長，儘管難以精確統計教徒人數，但是可能多達五十萬人，舉行烏羽玉儀式的次數也持續增加。不同於其他多數宗教，美國原住民教會的聖禮（稱為聚會）並無固定時間表，而是由教區的「引路人」（roadman）或領導人決定，當他認為有理由聚會就聚會，聚會的理由不一而足，包括：醫治生病的人、治療受酗酒或其他成癮之苦的人、協助婚姻亮紅燈的夫婦、送士兵上戰場、解決社區糾紛、紀念含畢業在內的成年儀式等等。

一些人認為，美國原住民教會應該對烏羽玉用量設限；其他人則認為，如果不是習俗，也應該按照法律規定，禁止非原住民使用。泰瑞告訴我：「我支持增加供應而非減少使用量。」他認為，針對烏羽玉缺貨問題，唯一務實的解決辦法是讓IPCI開始栽種烏羽玉。首先在溫室裡培養種子，然後將種子移植到野外。他認為這是確保烏羽玉供應不斷炊，足以滿足每個人所需的最佳辦法。

這個策略有兩個障礙，首先是德州的法律。根據法律，有執照的烏羽玉仲介商可以採摘並出售烏羽玉給美國原住民教會會員，但明確禁止教會會員栽種烏羽玉，不管目的是什麼。泰瑞與IPCI的同仁，希望獲得緝毒局核發的執照，允許IPCI種植烏羽玉，預計很快能實現。第二個障礙也許較難克服，涉及原住民的信仰。野生的烏羽玉是烏羽玉聖靈（Peyote Spirit）的賜禮，是烏羽玉聖靈顯現在世的化身，但是人工栽種的烏羽玉少了這層精髓。若允許人工栽種，意味你對創造烏羽玉的造物主缺乏信心。

身為民族植物學家的泰瑞不僅關心植物，也關注人類與植物打交道的方式，所以他對這種信仰的力量很敏感。他認為，美洲原住民反對人工栽種烏羽玉的立場，可以追溯到烏羽玉如何被發現的神話。

他開始娓娓說道：「有個女子冒險進入沙漠結果迷路。」有些版本講述她生病了，被與她同行的狩獵隊拋棄。「她深陷困境，因為糧食和水都告罄。最後她放棄求生，躺在灌木叢下。」可能是想睡，可能是等死。

「當她醒來，看到的第一樣東西是一小株烏羽玉仙人掌。『吃我，』烏羽玉對她說。她吃下後，恢復體力，立刻明白烏羽玉是怎麼回事，了解它的滋養與療癒功效。她把仙人掌帶回部落裡。」這位女子遭遇被遺棄和瀕臨死亡的困境，是所有美洲原住民面臨的困境，許多印第安人相信，這種仙人掌拯救了他們，包括他們個人以及他們的文化。他們堅信，大自然饋贈的禮物是烏羽玉仙人掌，至於它所含的化學物質則不是。因此我們也許可斷言，聖佩德羅仙人掌以及人工合成的麥司卡林對於美國原住民教會的會員而言，不可能取而代之成為烏羽玉的替代品。

泰瑞和IPCI其他同仁認為，阻礙人工栽種的意識型態可以用巧思克服。他發現，正確使用語言很重要，例如美國原住民教會會員反對「溫室」（greenhouse）的概念（人造的室內結構），但是不見得會反對「托兒所」（nursery，和苗圃是同一字），托兒所是嬰幼兒（幼苗）被照顧的地方，直到他們能獨立走向外在的世界。「我希望我們能找到一個辦法，保留烏羽玉作為神聖植物的文化意義。」

新宗教的誕生

北美洲印第安原住民使用烏羽玉至少有六千年歷史（可能比這更久），但是美國印第安原住民使用的時間大概只有一兩百年。美國原住民教會直到一九一八年才正式成立，他們將烏羽玉用於宗教儀式直到一八八〇年代才被紀錄下來，顯示現代烏羽玉儀式復興（重振）已失傳或被壓抑已久的古老習俗。

烏羽玉與人類結緣的歷史非常悠久，在德州西南部一個考古遺址證明了這點。在這片俯瞰格蘭德河的史前聚落裡，考古學家在舒姆拉第五號洞穴（Shumla Cave No. 5）發現三個扁平烏羽玉鈕扣的標本，透過質譜儀分析確定含有麥司卡林。放射性碳定年法估計，這些標本製作於六千年前，大約是中古時期。另外在祕魯一個洞穴出土的文物中發現一簇聖佩德羅仙人掌（T. peruvianus）的刺，其年代更久遠，大約早了數百年。這些發現顯示，麥司卡林是用途最古老的致幻劑。至於它的使用方式、為了何種目的，大家所知甚少。不過之後展開的時期與文明（包括查文（Chavin）、阿茲特克、惠喬爾、塔拉烏馬拉（Tarahumara）與薩卡特克（Zacateco）」顯示，聖佩德羅與烏羽玉都被視為具有非凡力量的聖物。

將時間快轉到西班牙征服美洲後，我們發現這期間留下有關烏羽玉，以及聖佩德羅這兩種仙人掌用於儀式的書面記載，這也是迄今發現的最早書面文獻，顯示當時西方殖民統治者對於這些儀式非常驚恐。西班牙牧師貝納貝．科博（Bernabé Cobo）提到聖佩德羅時寫道：「魔鬼用這植物欺騙祕魯印第安人這些異教徒。在這種仙人掌飲料的驅使下，印第安人夢見各種千奇百怪的事，並相信它們是真的。」

這些仙人掌的神聖用途對於基督教教士的傳教工作構成嚴峻挑戰。幾世紀後，印第安科曼奇（Comanche）部落的酋長奎納．帕克（Quanah Parker，他後來在美國原住民教會成立初期為基督教傳教）一針見血點出教會的困境：「白人進入他的教堂，談論耶穌，但是印第安人進入他的帳篷，與耶穌交談。」聖餐中的麵包與葡萄酒怎麼可能敵得過允許信徒直接與神接觸的植物聖餐呢？

殘酷的答案是，純粹靠教會的力量。在一六二〇年，墨西哥宗教裁判所宣布烏羽玉是「異端邪說……牴觸我們神聖天主教信奉的純正與誠信。」結果讓烏羽玉成為美洲有史以來第一個被取締的非法藥物，進而揭開了第一場打壓某些植物的戰爭，直到今天反烏羽玉的戰爭仍未落幕。殖民當局對待烏羽玉的強硬態度，可清楚見於牧師將烏羽玉列入問題清單，據此判斷來懺悔的印第安人的靈魂狀態：

你會占卜嗎？

你會吸別人的血嗎？

你是否在夜間到處徘徊，呼喚惡魔幫助你？

你是否喝過烏羽玉？或是給其他人喝過，為的是發掘祕密……？

在一六二〇年至一七七九年期間，宗教裁判所在美洲新大陸四十五個地方起訴使用烏羽玉的民眾，共九十人被告受審。官司的文件顯示，「惡魔植物的根」（raiz diabolica）會有兩種使用方式。第一種，由薩滿（巫師）使用烏羽玉進行治療或占卜。《麥司卡林：世上第一種致幻劑的全球史》（*Mescaline: A Global History of the First Psychedelic*）的作者麥可・傑伊（Mike Jay）指出：「烏羽玉似乎有千里眼，可用來追蹤失蹤物品的位置、疾病的肇因、誰在施魔法、預報天氣，以及預告戰鬥的結果。」亦即烏羽玉提供解決問題的知識。第二種用於團體與儀式。傳教士的報告裡，描述整個村落在烏羽玉的影響下，整晚唱誦跳舞。傑伊寫道：「在牧師與傳教士不懷好意的眼神裡，這些『盛宴』和飲酒狂歡作樂差不多。較能理解原住民文化的目擊者則發現，這些儀式和與會者的生活緊密交織，複雜程度令人瞠目結舌。」

已知使用烏羽玉歷史最久的印第安部落是惠喬爾人（又名維克薩里塔里人，Wixáritari），數千年來居住在墨西哥馬德雷山脈的深山密林裡。由於地形崎嶇不平而與外界隔絕，不僅保護了自己的族人（以及他們的烏羽玉儀式）不受宗教裁判所打壓，也能保持其獨特性，不受外界同化。但是避居到深山裡，讓他們不得不與栽種烏羽玉的土地分開，所以正如祖先延續了幾百年的做法，惠喬爾人會展開朝聖行，到聖地維里庫塔（Wirikuta）採摘烏羽玉，為烏羽玉儀式預作準備，至於採摘數量，要足以維持到下一次朝聖。

一些人類學家認為，自西班牙殖民時代的總督科爾提斯（Cortés）以來，惠喬爾人的烏羽玉儀式改變不大。此外，相較於北美洲印第安部落在十九世紀建制的烏羽玉儀式，惠喬爾的烏羽玉儀式帶有酒神狄奧尼索斯的狂歡特質。惠喬爾人服用足量的仙人掌以利產生幻覺。在夜間的聚會上，他們圍著火堆跳舞唱歌，同時祈禱、歡笑、哭泣；相較於美國原住民教會的聚會，惠喬爾的烏羽玉儀式是歡慶活動，黎明時分儀式接近尾聲，最後以殺牲獻祭和盛宴劃下句點，認為血液可以滋養烏羽玉仙人掌。

殺牲獻祭原來是有事實依據的，楚勞特告訴我，若想提高烏羽玉或聖佩德羅的麥司卡林含量，一個良方是用血粉（bloodmeal）肥料替仙人掌施肥。

第一位目睹美國原住民烏羽玉儀式的白人是詹姆士．穆尼（James Mooney），這位民族學家在一八九〇至九一年任職於奧克拉荷馬州的史密森尼學會（Smithsonian Institution）。

他從小能牢記數百個原住民部落的名稱，及長踏上職涯，專注於紀錄以及保護美國原住民文化，以免他們從地球上完全消失，而聘用他的政府卻制訂明確目標欲抹煞印第安文化。當時，違反基督教信仰的原住民宗教活動在美國一律違法。（一些針對原住民儀式所頒布的禁令持續到卡特政府時期。）印第安男孩被強迫與家人分開、被剪掉長髮、送入政府經營的寄宿學校。用卡萊爾印第安學校（Carlisle Indian School）創辦人的話，這些政府贊助的機構只有一個明確目標：「殲滅印第安人，拯救人類。」

穆尼學會說基奧瓦語（Kiowa），並贏得多個印第安部落的信任（這些部落不久前才被安置在印第安領地，後來印第安領地成為奧克拉荷馬州）。這種被迫遷居、重新被安置在保留地的做法，對原住民造成毀滅性衝擊，也讓他們失去方向與重心。很多人之前過著遊牧生活，隨著季節變化和野牛的活動而遷徙。突然間，他們發現自己得靠政府配給的牛肉和玉米過活。有些印第安人是四處活動的獵人，而非定居於一地的農民，他們不認為玉米是給人類吃的食物，所以用玉米餵馬。

穆尼特別喜歡紀錄印第安的宗教活動，不論新舊都感興趣，在奧克拉荷馬州工作期間，他認識到兩個宗教運動：鬼舞（Ghost Dance）、烏羽玉教。這兩個運動都是跨部落（pan-tribal），也都在印第安領地快速蔓延。血腥又災難不斷的十九世紀接近尾聲之際，印第安文化面臨生存危機，這兩個運動做出截然不同的反應。

這兩個宗教運動的命運也不同，烏羽玉宗教不僅存活還壯大，但是若想了解它為何能成功，必須認識短命的鬼舞。穆尼是少數幾個見證鬼舞興衰的白人之一，他的說法是迄今我們能獲得的最完整描述（至少提供了一個西方人的觀點）。鬼舞的靈感來自一位派尤特（Paiute）男子的神祕經歷，這位印第安男子叫傑克．威爾森（Jack Wilson），印第安的名字叫「沃夫卡」（Wovoka）。他在一八八九年元旦日食出現期間恍惚聽到上帝告訴他，祂已為印第安人準備了一個新世界，在這個世界裡，白人被完全消滅。沃夫卡恍惚間看到一種新型舞蹈，迎接上帝承諾的世界，讓印第安人重返歐洲人抵達新大陸之前的黃金時代。

沃夫卡的狂歡儀式從一個部落快速蔓延到另外一個部落，印第安人在這個盛大的聚會上，穿著奢華服飾，圍成一個大圈子載歌載舞，唱誦「彌賽亞曲」。聚會持續二十四小時，與會者神情恍惚，穆尼寫道：「有些人陷入瘋癲，有些人失控痙攣，還有人僵硬、意識不清地癱在地上……但是舞蹈繼續進行。」穆尼將鬼舞比喻為復興和重生，與會者說的是方言，精神恍惚，但是少之又少的白人能夠欣賞鬼舞和重生之間的相似性。

陌生的新宗教突然席捲印第安領地，嚇到了美國政府；他們認為，鬼舞這個宗教儀式與其說是迎接重生，不如說是叛亂的前奏曲。當局火速出手打壓這波「救世主降臨熱」，其中一位名為「坐牛」（Sitting Bull）的拉科塔族（Lakota）精神領袖在一八九〇年十二月被印第安警察擊斃。當時美國政府軍欲解除數百名拉科塔印第安人的武裝，並將其引至南達科塔州傷膝河（Wounded Knee Creek）附近，美國第七騎兵團將他們團團包圍後開槍射殺，約兩百五十多名男子、婦女、兒童遭殺害，是美國史上最血腥的屠殺之一。鬼舞運動自此銷聲匿跡。

比一八九〇年再早個數年，第二個跨部落宗教運動在印第安保留地崛起，同樣是對於白人持續根除與摧毀印第安文化做出回應，也是從一個部落蔓延到另一個部落。傳播速度因為美國當局強迫印第安部落移居到奧克拉荷馬州的保留區而加快，該運動也讓部落之間的聯繫更密切，在面臨當局打壓時，生出更強烈的「印第安認同感」。相較於鬼舞運動，烏羽玉儀式氣氛平和，在帳篷裡舉行，用歷史學家歐默・C・史都華（Omer C. Stewart）的話，呈現「一種基督教氛圍」，大幅降低對當局的威脅感。烏羽玉聚會「帶有崇高的道德基調，甚至像傳教士在傳道。」因為烏羽玉儀式在室內舉行，所以可在白人看不到的地方悄悄進行。

有關印第安人放棄鬼舞改而擁抱烏羽玉宗教儀式，奎納・帕克扮演關鍵角色。他父親是科曼奇部落酋長，母親是一位白人女子，她年幼時被擄，被印第安人撫養長大。帕克以實力證明自己是偉大的戰士，力克身上白人血統烙印的汙名（「奎納」的意思是「臭味」）。他沒有甘於在保留地的生活，而是選擇和政府作戰，不過最後戰敗。他巧妙地讓自己從法外之徒華麗轉身，變成愈過愈好的牧場主人，以及印地安人和白人政府之間獲得信任的橋樑。

帕克在一八八四年第一次使用烏羽玉；他聲稱烏羽玉治好了他被公牛撞傷的腹部傷

口。他是個務實主義者，對於救世主將降臨持懷疑態度，也認為鬼舞這股熱潮勢必令人失望（或比這更糟地）告終。他認為烏羽玉宗教有建設性，足以取代鬼舞，因為烏羽玉儀式契合印第安人的新處境，而非只是暫時讓人逃避現實。（說來有夠諷刺！兩種儀式中，更務實、更被當局接受的烏羽玉儀式會用到致幻劑。）

帕克成了充滿魅力的引路人與烏羽玉儀式的領導人，隨著時間推移，還成了烏羽玉主義的「蘋果佬強尼」（Johnny Appleseed，據傳在美國中西部種下最多蘋果樹的傳奇人物。）帕克走遍印第安領地，帶著裝滿烏羽玉鈕扣的袋子，為夏安族（Cheyenne）、阿拉帕霍族（Arapaho）、波尼族（Pawnee）、奧薩基族（Osage）、龐卡族（Ponca）等部落主持聚會。在一八八八年，聯邦政府試圖打壓烏羽玉，揚言任何人若使用烏羽玉，將沒收對他們的糧食配給，帕克在當局面前為烏羽玉儀式辯護，稱烏羽玉宗教應被視為與基督新教相輔相成，而非挑戰基督新教，這說法多少獲得一些成果。他談到在烏羽玉的影響下，看到了耶穌而非偉大的祖靈，這說法當然是精心設計，絕非偶然。

和帕克一樣，穆尼對烏羽玉教充滿熱情，這也許可以說明他何以會在一八九一年受邀見證烏羽玉儀式，成為第一個參與這種聚會的白人。在一系列的報告中，他解釋通霄儀式事前經過嚴謹策劃，儀式在帳篷裡圍繞著火堆進行。主持人包括一名引路人、一名鼓手、一名營火管理人、一名雪松木負責人，整個儀式不容一絲差池，就連每個人的姿勢都很講究：與會者必須整晚盤著腿挺背坐正，睜大雙眼直視火堆。土堆搭建的弦月型祭壇上放著一顆「祖父級」（意味年代最久）烏羽玉鈕扣。儀式用的器物，包括葫蘆搖鈴、水鼓、法杖，一律往左邊傳。裝滿一籃子的烏羽玉鈕扣也是往左傳，它會在一整夜裡轉個好幾圈；儀式裡只有少數幾個所謂自主的成分，例如與會者可自行決定要吃幾朵烏羽玉鈕扣。引路人會帶領大家一起禱告，與會者輪流唱誦，每首歌唱四遍；鼓聲的節奏快速且不間斷。

到了午夜會有一個休息時間，讓大家可以鬆鬆腿。（穆尼發現，鮮少人利用這個機會，以免被人認為自己是弱雞。）此時，只要有生病的人，大家會為他祈禱。穆尼紀錄了一個撼動人心的時刻，那時邊門打開，一位男子走進帳篷，懷裡抱著嬰兒，「病得幾乎奄奄一息。」引路人為這名幼兒祈禱，完畢後男子「像進來時一樣，默默地離開。」此外，午夜會舉行水儀式，穆尼稱之為「洗禮儀式」。水會一個接一個傳下去，讓每個人飲用。

「每個人可以想吃多少朵烏羽玉就吃多少，然後繼續唱誦，隨著烏羽玉效用加深，歌曲的神奇力也跟著上升。」這情況一直持續到「晨曦穿透帆布照進帳篷內。」儀式接近尾聲時，引路人轉向穆尼，告訴他：「你回去告訴白人，印第安人有他們自己喜歡的宗教。」

穆尼不辱他的囑咐，餘生職涯幾乎用於捍衛烏羽玉儀式，並協助建立美國原住民教會。他向史密森尼學會的上司以及願意聆聽的人士解釋，烏羽玉儀式兼具宗教功能與道德教化，也能讓人保持清醒的腦袋，畢竟他看到，酗酒禍害了遷居保留地的印地安人。穆尼堅信，新興的烏羽玉宗教有助於拯救瀕臨崩潰的原住民文化與身分認同，同時協助印第安人適應在保留區受到的種種限制。傑伊寫道：「與其等待外在的世界改變，烏羽玉宗教提供信徒從內改變自己。」

白人政府對印第安人的身分認同危機沒有任何興趣；其實政府的政策恰恰是要滅了它。烏羽玉宗教也許不比鬼舞更有威脅性，但是基督教傳教士決心根除烏羽玉教，認為它是異端，和酒精之害無異。因為基督教傳教士施壓，奧克拉荷馬州在一八九九年率先立法禁止烏羽玉，不過不到十年，該法被推翻，主要是因為帕克極力遊說之故。

然而不久之後，烏羽玉和禁酒令的政治角力糾結在一起；綽號「貓步」（Pussyfoot，暗諷行事鬼祟）的強硬禁酒派威廉．強森（Willian Johnson）稱烏羽玉是「乾口威士忌」（dry whiskey），還自告奮勇突襲印第安地區的烏羽玉聚會。大約在同一時期，另一位反對烏羽玉的人士——「夏安和阿拉帕霍印第安人管理局」的主管查理斯．謝爾（Charles Shell）決定，他應該親自找出烏羽玉對意識與心靈狀態的影響，所以在醫師陪同下，於家裡吃了一些烏羽玉，驚訝地發現自己「本著榮譽、正直、兄弟之愛的路線」思考。

「我似乎連最根本的思考都做不來……我不相信有人在這種藥物的影響下，竟然可能被誘導犯罪。」

但是謝爾出乎意料有利烏羽玉的體驗無法遏阻力主禁酒令的人士，他們與印第安事務局（該局被傳教士支配左右）聯手，對政府施壓，要求通過聯邦法禁止烏羽玉。只有美國印第安人自己努力爭取，加上穆尼（以及稍後加入的舒爾茲）白人支持者在國會的證詞，才逆轉了一再打壓烏羽玉儀式的行動。

為了獲得憲法第一修正案的保護，數個印第安部落代表在一九一八年八月齊聚奧克拉荷馬州的艾雷諾，簽署美國原住民教會成立章程，這是印第安人第一次以美國（美洲）原住民作為正式稱呼。穆尼在聚會之前的談判與協商中，扮演關鍵角色。章程明確提到「烏羽玉聖禮」，指出美國原住民教會成立目的是「促進和推廣奧克拉荷馬州數個印第安部落的基督教信仰」。

但是距離戰鬥結束還遠著呢。爭取烏羽玉教合法地位的法律和政治衝突持續貫穿整個二十世紀，烏羽玉宗教在禁酒令期間幾乎被打趴，接著又因為反毒戰登場而身陷苦戰。進入一九六〇年代，烏羽玉聚會經常被警方臨檢，印第安人被發現持有烏羽玉會被捕。公民自由權團體，包括「美國公民自由聯盟」（ACLU），擔起美國原住民欲合法化烏羽玉儀式的訴求，相關法律終於逐漸成形，確立美國原住民教會享有憲法第一修正案保護的宗教自由行使權。

白人殖民者正是為了追求宗教自由才逃離歐洲，進入印第安人的土地，並將其更名為新英格蘭。而今這些白人殖民者的後代試圖打壓印第安人的宗教自由，多數美國人顯然覺得不解，也覺得諷刺，這些打壓人士包括美國最高法院的大法官安東寧・史卡利亞（Antonin Scalia）。史卡利亞在一九九〇年做出令人詫異的判決，讓美國原住民教會喪失信奉自己宗教的權利。在這判決出爐之前，法院認為，政府不能剝奪一個人的第一修正案權利，除非能證明這是「基於國家重大利益」。在一九九〇年「奧勒岡州人力資源部就業司訴史密斯」一案裡，史卡利亞提出符合重大國家利益的立場，並確立重大國家利益的標準。史密斯全名阿爾弗雷德・李奧・史密斯（Alfred Leo Smith），是克拉馬斯部落（Klmath）原住民，因為不服指示，繼續參加美國原住民教會的聚會而被解職。史卡利亞的判決指出，美國宗教多元化的現象是「至寶」（luxury），但刑法與警察權必須優於行使宗教權之上（為美國原住民教會辯護的律師團稱，史卡利亞的判決實際上「改寫了美國第一修正案，意味『國會除了制訂禁止人民自由行使宗教權的刑法，不得制訂任何法律。』」）政府看重打擊毒品的程度，大於憲法第一修正案對宗教自由權的保護。

史卡利亞的判決點燃印第安人怒火，在判決出爐隔天群眾聚集在最高法院外，要求最高法院重新考慮這決定。史卡利亞建議美國原住民教會轉戰國會，遊說國會議員立法恢復被最高法院剝奪的權力。美國原住民教會採納他的意見，努力數年後，國會在一九九三年通過《恢復宗教自由法》（*Religious Freedom Restoration Act*），恢復重大國家利益的標準，防止政府濫權。這結果代表向前邁進一步，但不保證政府不會繼續以重大國家利益為由，禁止使用烏羽玉，尤其是在反戰期間。因此在溫尼巴哥部落（Winnebago）酋長小魯本．史內克（Reuben A. Snake Jr）帶領下，美國原住民教會成立了一個聯盟，開始向國會施壓，要求保護該教會有權使用烏羽玉作為聖禮。一九九四年十月六日，柯林頓總統簽署《美國印第安人宗教自由法修正案》，自此，「基於實至名歸的傳統儀式，為了傳統的印第安宗教活動，印第安人使用、擁有、運輸烏羽玉均屬合法，美國或任何一州都不得禁止。」自烏羽玉教在大平原的印第安部落崛起後，經過了一世紀，美國原住民教會終於獲得在聖禮中合法使用烏羽玉的權利。

窺探帳篷裡面

對於局外人而言，不易了解烏羽玉儀式對今天美國原住民的意義，以及這儀式提供了他們什麼功能。顯然多數原住民非常看重這儀式，甚至覺得不可或缺。我和幾位美國原住民教會的信徒聊過，他們告訴我，烏羽玉儀式振興並維持印第安的傳統文化；協助原住民保持清醒、治療身心方面的疾病；讓彼此齟齬的印第安部落有了交集與連結。

但是究竟是用什麼方式達到這些效果？烏羽玉儀式以及這個含精神活性成分的聖禮如何影響……個人和群體的轉變？我原本希望參加十一月美國原住民教會在德州舉行的聚會，自己找出答案，但是計畫趕不上變化，只好借助Zoom嘍。訪談了幾位引路人、美國原住民教會的幹部，以及來自不同印第安部落的信徒之後，我更清楚帳篷裡發生的事情，但無法百分之百確定自己了解全貌。一部分的不確定歸因於原住民和西方人在認識植物、藥物以及「毒品」時，思考方式有落差。此外，也因為遇到許多原住民非常不願和他人（至少不願和我這位白人）分享帳篷裡到底發生了什麼。*

他們拒絕和來自柏克萊的白人作家討論靈魂話題，其實我不該對此覺得驚訝才是。納瓦荷部落（Navajo）的引路人史帝芬・班納利（Steven Benally）現年七十多歲，目前在「納瓦荷部落的烏羽玉核心理念與原則」（Azeé Bee Nahaghá of Diné Nation, ABNDN）擔任主席，ABNDN舊名叫「美國原住民教會，納瓦荷區」。當我直接了當問班納利：烏羽玉儀式到底為他的族人做了什麼？問題一出，他明顯露出不信任我的表情。他住在亞利桑那州的甘水鎮，我在五月親自到他家拜訪他。他家所在的印第安保留區受到新冠疫情重創，我去見他時，他認識的社群圈已有八人罹疫過世。班納利的態度冷靜、自重、慎重，不過偶爾也會出重手，讓我猝不及防。

班納利一開始說道：「我猜你是白人，對吧？給了你想要的資訊，對我有何好處？和你說話讓我陷入兩難。如果我透露太多關於烏羽玉的訊息，有關它的功效、如何用於儀式、如何治療身心，你聽完可能會寫一些東西，讓致幻劑圈裡的人對它產生好奇心。」他知道我寫過一本書，有關致幻劑（啟靈藥）的科學研究，兩個他用不上的詞。

「我非常清楚我們的歷史，以及被白人殖民對我們的影響，還有『發現新大陸』理

---

* 美國原住民對於烏羽玉儀式最傳神的描述出自印第安精神領袖Leonard Crow Dog，詳情請見瘸腿鹿（Lame Deer）的著作《追求異象》（*Seeker of Visions*）。（New York: Washington Square Press, 1979, 207–9.）

論。」他的意思很清楚：在「發現」理論的旗幟下，西方人強占原住民很多東西。根據他的視角，白人對原住民一點好處也沒有，而我是一長串壓迫原住民的白人之一。

「上天賜給我們這個植物（烏羽玉）滿足我們的需要。為了我們的後代子孫，為了他們將來需要烏羽玉幫助他們生存，我們必須保護烏羽玉。（班納利是原住民保育烏羽玉倡議的創始成員之一。）該倡議向世界公開烏羽玉的功效與作用，也展示烏羽玉對我不太敢做的事有什麼好處。你明白我的意思嗎？如果能從烏羽玉賺錢，沒有一個人會反對它。」與班納利同一個世代的原住民還記得一九七〇年代作家卡洛斯．卡斯塔尼達（Carlos Castaneda）引爆的烏羽玉熱潮，當時吸引大批嬉皮絡繹不絕拜訪德州的烏羽玉農場，採摘他們視為迷幻藥的烏羽玉鈕扣，這讓美國唯一野生種的烏羽玉數量蒙受壓力。另一個讓人憂心的現象是，研究致幻劑治療精神疾病可能性的科學家也將注意力轉向烏羽玉，希望烏羽玉能提供新藥原料。

「祖先教導我們要極力保護我們自己的藥。」

短暫地冒火後，我發現不該怪他如此保護他所知的資訊，也不該責怪他對我如此不信任。我心想，對於他和美國原住民而言，和強占他們太多東西的人分享烏羽玉儀式以及烏羽玉植物，到底有何好處？

但我並未打退堂鼓，只是交談過程更加小心翼翼。先與他協商哪些內容不會被紀錄

（包括一些歸功於烏羽玉神奇療效的證詞），然後我們交談了至少一個小時，話題無所不包，但帳篷裡發生的事除外。

當局對烏羽玉的法律規定是：僅限美國原住民教會的成員有合法使用權，其他人使用一律是犯罪行為。班納利認為，就該如此規定，稱：「這條法律幫助我們保護烏羽玉這種迷你的仙人掌。」

但是若該種植物有如此強大的藥效，為什麼其他人如果有同樣需求，卻不能合法使用它？

「我們偉大的祖靈在很久以前給了我們這種植物。在大熔爐出現之前，其他人也許曾和自然界、所居地點，以及所居地長出的植物，建立了關係與連結，我們族人至今都還保持這種連結。其他人曾經有他們自己的療癒性植物，只不過現在這些植物已經失傳或沒有了。」

「今天很多人在尋尋覓覓。他們失去和土地、祖靈的連結。西方醫學與科學無法滿足他們，他們努力尋找缺失的環節。而今他們向印第安人或是向原住民取經，我能理解這點。但是我們不希望自己子孫的結局像這些人一樣！如果我們不保護烏羽玉，子孫就會變成那樣，到時他們不得不向其他民族尋找（有療癒的）植物。這就是為什麼你得盡一切努力，保住你擁有的東西，這樣你的後代就不會落得東漂西蕩，居無定所。」

班納利從頭到尾沒有用「文化挪用」一詞，但是我們兩人對此心照不宣。他之所以有上述看法，起因於最近美國原住民教會和一個名為「除罪化自然植物」（Decriminalize

Nature）的禁毒政策改革運動爆發意見不合。幾乎在一夜之間，這個植物藥物除罪化運動成功說服多個市政府（包括奧克蘭、聖塔克魯茲、安娜堡）改弦易轍，責成當地執法部門把涉及死藤水、西洛西賓、烏羽玉等管制植物藥的案件列為最緩起訴對象。在新冠疫情攪局，導致一切停擺的情況下，約六個城市的市議會準備對「除罪化自然植物」的議案進行表決。*

這個改革運動以一己之力，扭轉改革禁毒政策的政治學，首先它拿「毒品」（drug）這詞開刀，嚴禁使用這詞，也嚴禁使用另外一個背負沉重包袱的「致幻劑」一詞。取而代之的是「植物藥」或是「宗教顯靈劑」（entheogens，這字的意思大致是顯現內在的神。）「除罪化自然植物」的禁毒政策改革運動在推動致幻劑合法化方面成績斐然；實際上，它將致幻劑漂白，重新定義致幻劑是長期撐起人類與自然界關係的支柱，強調政府不具合法性介入這樣的關係。「除罪化自然植物」組織目前在全美已有一百多個分會。

有些人認為，成年人理應可使用植物藥，無須擔心被警察臨檢或收押，對於這些人而言，「除罪化自然植物」一開始交出漂亮的成績單似乎是不折不扣的好消息，但是美國原住民教會卻有不一樣的看法。該教會擔心烏羽玉除罪化會刺激需求，吸引更多熱衷探索靈異的

* 二〇二〇年十一月大選當天，華盛頓特區的選民投票通過一項由「除罪化自然植物」贊助的公投案。截至二〇二一年初，丹佛、薩默維爾（麻州）、劍橋（麻州）、沃什特諾郡（密西根州）已將植物藥物除罪化。

人到烏羽玉農場，因此要求「除罪化自然植物」運動把烏羽玉從植物藥的名單中除名，並移除網站張貼的烏羽玉圖片。

這讓「除罪化自然植物」陷入非常尷尬的處境。該運動的支持者恰恰是打心底尊重原住民文化的一群人，這群人也自認在面對種族歧視、帝國主義、殖民主義等問題時，能保持清醒的頭腦，而今卻槓上美國原住民！要知道，這群人不僅推崇原住民的傳統與智慧，也努力模仿原住民使用宗教顯靈藥的做法。然而將烏羽玉自除罪化名單中除名，或是限制可合法使用烏羽玉的種族，無疑違背了「除罪化自然植物」崇高而簡單的理念：世上沒有任何一種植物是「罪犯」。

這下該怎麼辦？為了安撫美國原住民，「除罪化自然植物」同意不再具體提及烏羽玉這三個字，改而使用「含麥司卡林的仙人掌」。（儘管在奧克蘭與聖塔克魯茲決議文中，具體點名烏羽玉是「被除罪化」的植物之一。）但是該網站並未刪除烏羽玉的圖片，並在網站上張貼聲明，結果進一步激怒原住民：「因此除罪化自然植物的立場是，神聖的烏羽玉仙人掌不屬於任何一個種族、民族、部落，或是宗教機構。我們認為它是大自然之母賜給全人類的禮物，我們將堅定不移地努力喚醒人類，讓守護、生活與共享這個星球的所有人類了解，烏羽玉所傳授的靈性洞見與重要訊息。」

美國原住民教會的會員道恩．戴維斯（Dawn Davis）告訴我：「除罪化自然植物的聲明等於打臉原住民。」戴維斯是西修修尼—班諾克印第安人（*Newe Shoshone-Bannock*），住在愛達荷州羅斯河支流區的印第安保留區。她仍在愛達荷大學就讀，主修自然資源，即將完成博士學位。她的研究對象是數量不斷減少的野生種烏羽玉，擔心烏羽玉最後會被列入瀕危物種名單。若果真如此，恐為烏羽玉儀式以及烏羽玉宗教造成災難。*在我們的視訊會議上，我還沒提到除罪化自然植物運動，她自己就搶先提了。

「而今在奧克蘭的人，比我這個住在印第安保留區的原住民更有權取得烏羽玉！」她的意思是，根據一九九四年《美國印第安人宗教自由法修正案》，印第安原住民無權栽種烏羽玉，但奧克蘭居民卻有；此外，戴維斯還得證明自己是印第安部落與美國原住民教會的會員，才有資格使用烏羽玉。

「取得烏羽玉並非靠一夜速成的戰鬥，也不像在市議會表決那麼簡單。那得靠四年辛苦的耕耘，以及經過一世紀的奮鬥，才確保我們對這植物的使用權。」

我們交談時，戴維斯在家辦公，她的小女兒偶爾會闖入畫面，吸引她的注意力。戴維斯有一張圓臉，留著中分的黑色長髮，對於烏羽玉儀式較能侃侃而談，不像班納利那麼保

---

* 並非每個人都同意這點。有些人認為，列入瀕危名單有助於保護烏羽玉仙人掌，以及美國原住民將可豁免，不受使用限制。

留，但是理由略有不同。

「我們族人中，沒有太多人喜歡談論我們的經歷。」她告訴我，她的父母在她還小的時候，就帶她參加聚會，並且從她十二歲開始，餵她吃少量的烏羽玉，這是大家普遍的做法。（其實戴維斯在她母親子宮裡就接觸了烏羽玉，當時她母親懷她時替過世的外婆守靈。）

「有人問我，在美國原住民教會的儀式上，我有什麼感覺？不過我認為，這是最私密也最個人的經歷，就連我，也不能完全理解儀式。但是我覺得詮釋權在我自己，不想要其他人的解釋。」

「很難和他人討論烏羽玉有多麼重要，以及多麼神聖，尤其不易和那些只把它當成東西看待的人。我認為，烏羽玉有血有肉、有感覺。它不是個東西，而是我們的親人、長輩。我見證過烏羽玉的療癒力，我想用各種可能的方式表達對它的敬意。」

戴維斯擔心，美國原住民對它的需求有增無減，加上目前供應系統存在缺陷，未來烏羽玉可能缺貨，無法維繫烏羽玉教的存續。目前的問題是，僅四家有執照的業者可合法收成烏羽玉，然後賣給美國原住民教會的會員，這樣的供應系統無永續性可言。此外，這些業者採摘烏羽玉時，手法過於草率，甚至傷了植物，導致它們無法繁衍後代。其他的威脅包括：牛群踐踏這種無刺的仙人掌；在烏羽玉生長的土地，近來蓋了風力發電廠；其他類型的建設也威脅烏羽玉生長的環境；隨著致幻劑受到歡迎，盜採現象也開始猖獗。戴維斯坦承，美國原住民本身也要為烏羽玉短缺負一些責任。

「正在與各部落進行對話。有些人每週末都會參加烏羽玉儀式，我稱他們是過量食用者。我非常注意自己的食用量，因為我知道烏羽玉一路走來的歷史，但是許多印第安原住民從來沒有踏上烏羽玉生長的土地；他們已和這個植物脫節。」這也是何以「原住民烏羽玉保育倡議」如此重要（戴維斯為這倡議提供諮詢服務），該倡議承諾協助美國原住民重新和烏羽玉的土地產生連結，替原住民創造機會，拜訪美國原住民教會轄下的六〇五英畝土地，參與採摘烏羽玉的朝聖之旅。

我詢問戴維斯，是否可能透過人工栽種烏羽玉改善缺貨的問題。她的反應和我訪談過的多數原住民差不多，懷疑溫室栽種的烏羽玉能和野生的烏羽玉一樣嗎？「我們不知道烏羽玉如何分泌麥司卡林。在野地，可能是因為兔子、杜松、土攘、候鳥、雨水等因素讓烏羽玉成為烏羽玉。我擔心把它從原本的家，移到別的地方，可能會變成不一樣的東西。」

「我看過馬丁．泰瑞的視訊，烏羽玉被種在溫室裡，門上了三道鎖！我看著這些可憐的仙人掌，心想它們到底經歷了什麼？」不過戴維斯並不反對一開始先種在室外的苗圃，然後再移到野地。「但是維持野生的烏羽玉種數量應該才是首要工程。」

有關這點，戴維斯認為，像我這樣的白人可發揮作用。這也是她為何接受邀約，在致幻劑大會上發言。她演講的重點是：「放了烏羽玉一馬吧。這並非他們想聽的。但是我不認為烏羽玉這種植物藥適合每一個人，也不相信這一切是為了促進愛與和平。他們可以人工合成麥司卡林，滿足其所需，但是拜託放過野生的烏羽玉一馬吧。」*

與戴維斯和班納利交談後，我意識到把原住民以外人士使用烏羽玉視為文化挪用的例子，並不完全正確。挪用某文化的某種表達方式（例如一種習俗或儀式），可能會也可能不會削弱該文化；這點正反兩方可以爭論不休。然而一個習俗不會因為被借用或被複製而停止存在。只是這論點不適用於烏羽玉今天的情況。這裡烏羽玉文化被挪用的現象，發生在實體物質數量有限的領域——某植物的數量銳減至瀕臨絕種的程度。這讓白人食用烏羽玉成為非隱喻式（實質）強占原住民資源的一長串行為之一。我開始明白，對於像我這樣的人而言，「不」食用烏羽玉也許比食用還重要。

我採訪的美國原住民中，並非每個人都不願意談論帳篷裡發生的事，或是反對邀請白人參觀烏羽玉儀式，但要求來者須「抱著正確的態度」。五十一歲的桑德・艾恩・羅普（Sandor Iron Rope）來自南達科塔州黑山提頓拉科塔（Teton Lakota）部落，擔任南卡州美

* 戴維斯後來聯繫我，表示不再堅持她對合成麥司卡林的立場。她解釋，她不確定合成的麥司卡林是否提煉自烏羽玉仙人掌。「合成過程欠缺透明度，所以我不確定這會不會發生。」

國原住民教會的會長，也是IPCI的核心人物。由於保留區內的網際網路連線無法支援Zoom的視訊，所以他開車到急流市（Rapid City）和我們連線。羅普為人溫和、坦率不設防，願意交流之前班納利與戴維斯不願碰觸的話題。我問他是否可以帶我進入帳篷，旁觀烏羽玉儀式，他停頓了一下，整理思緒，然後試著解釋，還提醒我，他說的話，有些用字與觀念可能會令我不解。以下是他所說的話：

> 如果你想進入帳篷，首先你得改變心態。根據原住民的觀點，大地是我們的母親。我們感受到風，以及風在說話。太陽從某個方向升起，然後從某個方向落下。所以我們用大地母親提供的素材在地上堆了一個弦月狀祭壇。我們知道祖靈之火（Grandpa Fire）將和我們溝通，並與我們融為一體，所以我們根據祈禱的方式升火，四周擺放祭拜的供品。四個元素——土、火、水、空氣將在某個時間點進入祭拜儀式，然後烏羽玉登場，放在祭壇上。
>
> 有些人稱烏羽玉仙人掌是我們祖先的肉體，因為事實就是如此，同時這植物也是祖先的神靈。吃了烏羽玉這植物藥後，不同的人有不同的體驗。它會在不同的層次上和你交談：關於你需要看到什麼？你需要感受到什麼？需要體驗到什麼？這藥物比你自己還清楚你。它猶如一面鏡子。平常大家起床後，看著鏡子，然後修整自己、刷牙，對著鏡子檢查儀容，確定是否得宜符合社會規範。但是烏羽玉這面鏡子讓你可以看見內在的自己，深入你的心以及

靈魂。烏羽玉了解你。

所以當你開始思考一些事情，也許是一些需要治療的事情，那時你在想什麼，你在說什麼，烏羽玉可以聽見。這不像拿出《精神疾病診斷與統計手冊》（DSM），確定你是什麼毛病。烏羽玉是我們的生活方式，和所有事物對話，了解他們的生命力。

通常在烏羽玉聚會上有人會說，我們為什麼要聚在一起？我們聚在這裡因為我需要他人協助解決問題，可能是疾病、婚姻、家庭暴力、酗酒等問題。我想為這個原因做些禱告。那個人會坐在特定的位置。

帳篷代表一家人、一個家。支撐帳篷的撐桿代表女人與家庭的基礎。帳篷的帆布蓋代表男性，肩負保護女性以及帳篷內營火的責任。營火是祖父、火的擋板是祖母，兩人很久以前就開始指導全家祈禱。那些固定帳篷的小地釘代表這家的孩子。所以你進入帳篷，你就進入這個神靈家庭，祈求幫助、加入祈禱，因為無論我們願意與否，帳篷內所有人都是有關係的。

有人可能在冥想時走神，他們會看到東西、聽到東西、聞到東西，但是領禱人會提醒大家，他們來這裡是為了某個目的，設法把每個人帶回這個目的。唱誦、祈禱、擊鼓可幫助大家將注意力聚焦在目的上。

全家人一起祈禱的概念非常神聖，這也正是政府打壓與破壞的對象，並將我們的小孩送到寄宿學校，剪掉他們的頭髮。失去長髮等於失去心靈上的身分認同。所以被逼著剪去長髮，以及當酒精進入印第安保留區之後，我們需要大量的療癒。酒精偷走了我們印第安人的靈魂。然後又出現許多其他東西，造成各種創傷與陰影。一開始，這是一場精神與心靈上的戰鬥（為了捍衛烏羽玉儀式），而今仍然是如此。

將來有一天，你也許可以進入帳篷坐在我們旁邊，到時你會稍稍明白我們現在討論的東西。

有時候，如果你尊重一樣東西，你必須不去碰它。我父親在戰爭期間從軍，我長大成人期間，他的衣櫃裡有一把槍，床頭則有這些珠子，用種子製成，因為他以前會製作工藝品。我還小時，會到他房裡，把手指伸進這些珠子裡，然後轉動這些珠子。有天他回家後，問道：「嘿，誰碰了我的珠子？！」我不想承認是我。直到他逮到我們幾次後，每次進去他的房間，我們清楚知道，不可以碰他的珠子，只能用眼睛看。就是這樣。有時候，你對某樣東西表達敬意的方式，就是不去碰它。

羅普的話拉近我和烏羽玉儀式的距離，彷彿我親蒞現場，也很可能是我最接近印第安帳篷的一次。正如他所預期，他的描述裡有很多東西我無法完全理解。

後來我在一本學術書籍《不一樣的醫學：美國原住民教會的後殖民治療》（*A Different*

Medicine: Postcolonial Healing in the Native American Church）裡找到一些線索，該書由約瑟夫．D．卡拉布雷斯（Joseph D. Calabrese）所著，二〇一三年出版。卡拉布雷斯是醫學人類學家與臨床心理醫師，在納瓦荷部落待了兩年擔任臨床醫師，同時以人類學家身分觀察部落文化，以便完成博士論文。在亞利桑那州期間，他多次參加烏羽玉儀式，他的觀察協助我了解羅普的一些敘述。因此這裡提供一個白人對烏羽玉教的看法，透過西方心理學和人類學的稜鏡，看待印第安人的儀式與習俗。

卡拉布雷斯發現，許多納瓦荷人和羅普一樣，相信烏羽玉是全知全能的祖靈，能夠看透人，而且比他們自己更「了解」他們；它有能力暴露一個人的缺點，強迫他們正視這些缺點。烏羽玉對教會成員的作用猶如一個超我（superego）；卡拉布雷斯認為烏羽玉有千里眼。小孩耳濡目染接受這種觀念的洗禮，被教導「即使父母不在身邊，烏羽玉神靈也知道你們做了什麼。」把某種植物想像成一個無所不知的神靈，看似天馬行空，不過實際上這與超我之類的心理建構（psychological construct）有何不同？都是一種內在聲音，約束我們符合社會要求的道德與倫理規範，不是嗎？

卡拉布雷斯的敘述裡，讓我比較訝異的是，烏羽玉所含的「藥物」成分不但沒有破壞社會常規，反而強化了它們。他指出：「美國原住民教會催生的是復興運動，側重個人化療癒、重建社區、促進和諧的家庭關係、增進與神的聯繫，以及遠離酒精。」相較於一九六〇年代西方的致幻劑，烏羽玉在美國原住民社區的角色與功能明顯保守。（但是這也再次提醒我們，任何一種致幻劑的體驗之旅，精神狀態與所處環境至關重要。）美國原住民教會使用烏羽玉的方式，給我們示範了怎麼使用毒品（禁藥）才符合道德規範。

美國原住民教會提供的範本（它也存在於其他傳統文化裡），要求我們重新全面思考「毒品」的概念，以及我們對毒品的諸多聯想有什麼道德缺陷。在西方，我們對毒品的理解不脫追求享樂、逃避現狀、麻痺感覺等等。卡拉布雷寫道：早期觀察分析烏羽玉的白人往往認為，印第安人將烏羽玉當成止痛藥使用，但實際上「烏羽玉會強化感覺而非麻痺感覺。」致幻劑體驗並不輕鬆，這點與多數人對非法藥物的想法恰恰相反。西方人習慣把醫學和宗教一分為二，但是對於美國原住民教會而言（以及對於許多古老文化而言），宗教首要功能是治療。醫學結合宗教已獲印第安衛生服務局（Indian Health Service, IHS）正式認可，會給付為治病而舉行的烏羽玉聚會以及淨汗儀式（sweat lodge）的費用。很難想像吧，但是IHS制訂了「客戶服務規範」，規範以致幻劑為聖禮的宗教儀式！

烏羽玉教主要治療各種集體和個人表現出來的陰影與創傷，這些揮之不去的傷痕出自政府「打壓與殲滅美國原住民文化」的政策。卡拉布雷斯提醒我們這個新興宗教開始蔓延至北美印第安各部落的時間點，就在印第安人被迫遷居到保留地之後不久，以及鬼舞運動被蠻橫鎮壓之後。卡拉布雷斯寫道：烏羽玉教「無意透過消滅歐洲裔白人來改變外在世界，而是側重於個人蛻變，讓他／她能夠在後殖民時代繼續生存，建立更強大的社區，以及避免出現後殖民時代的失序現象，諸如對白人製造販售的酒成癮。」

烏羽玉儀式如何影響這些轉變？卡拉布雷斯提出心理學解釋，美國原住民肯定認為這解釋過於簡化，但是在我看來頗有道理。一如其他致幻劑的成分，烏羽玉所含的麥司卡林會提高心理的可塑性（mental plasticity），在這狀態下，一個人很容易受到暗示，因此不排除學習新的思考與行為模式。在這種恍惚狀態下，會鬆動一個人對自己僵化固定的認識與看法（例如「我不喝酒就撐不過這一天」、「我一無是處」等等），願意試著建構對自我的新想法，通常內容圍繞蛻變或重生打轉。烏羽玉儀式以團體方式進行，這個模式非常類似西方的「致幻劑療法」。

但是這裡烏羽玉儀式的團體環境非常重要。療癒過程在一群人裡展開，大家聽著同樣的音樂與祈禱文、凝視同樣的火光、大腦經歷同樣的化學變化，這些過程有助於強化每個人對自我的新認知與新敘事。此外，這些過程也有助於將大家的注意力固著在祈禱文祝福的對象。這聽起來有點像戒酒匿名互助會（Alcoholics Anonymous），與會者講述自己蛻變和重生的故事，受到其他人的肯定與讚揚後，這些故事變得更有影響力。只不過在烏羽玉聚會上，儀式的力量因為與會者的意識狀態被改變而強大到無法估量。

我覺得，對烏羽玉儀式的任何研究，如果沒有觸及與解釋這一點，都不算完整，儘管我可以理解為什麼包括戴維斯或羅普在內的美國原住民可能不同意我這一點。我早期的研究訪問了一位白人律師傑瑞．帕欽（Jerry Patchen），他是美國原住民教會的重要幫手，協助教會取得合法使用烏羽玉的權利。在一封電子郵件裡，他記得有一次對夜間儀式發生的事感到困惑不解，所以隔天早上，烏羽玉儀式結束後，一群人在帳篷四周閒蕩時，他向一位年輕的納瓦荷人請教，對方回道：「這就是你們白人的問題所在，你們老想追根究柢知道一切，我們則看重經歷與體驗。」

打個岔：論麥司卡林

差不多在這個時候，幸運之神來敲門，把兩顆硫酸鹽麥司卡林膠囊送到我家門口。我發現，致幻劑的圈子盛行送禮，所以有位朋友知道我對麥司卡林感興趣後，想辦法為我買了一份。他認識一位製造麥司卡林的化學家，消除我對這兩顆膠囊可能是ＬＳＤ或其他仿冒品的疑慮，畢竟有時麥司卡林膠囊會出現這種「張冠李戴」的情況。雖然我從未試過聖佩德羅或烏羽玉生物鹼，但我想知道，如何比較麥司卡林的純度，想知道我的體驗是否會呼應赫胥黎，想知道各式各樣的事情，但是卻毫無事前的暖身，讓我對即將發生的事情預作準備。

我為這次麥司卡林體驗之旅選定的時間與地點似乎非常理想。時間是某個舒適的夏日，地點是直接蓋在湖面上的一棟房子，房子主體靠深入水裡的木樁支撐。湖水的心情與波紋圖案隨著微風與潮汐的變化而變化。房子非常通風，湖水拍擊支撐房子的木樁。我只有一人份的麥司卡林，所以朱蒂絲同意讓我吃，她則負責照顧我。我在早上九點，吞下這兩顆膠囊。麥司卡林起作用的速度有時慢到讓人受不了，所以我們在第一個小時沿著湖邊散步，過程還算愉快，直到我開始感到不耐煩。杭特．湯普森（Hunter Thompson）在《賭城風情畫》（*Fear and Loathing in Las Vegas*）裡寫道：「好的麥司卡林很慢才起作用。第一個小時全在等待，第二個小時過了一半，你開始咒罵讓你焦灼不已的牛步反應，因為啥也沒發生……然後砰，猛然登場！」

對我而言，麥司卡林並未以「砰」的方式登場，而是漸起作用。當我開始感覺麥司卡林的效用時，正坐在屋外閱讀，一邊看著兩個鮮黃色的頭划過水面——應該是兩個體健的泳將。我從書本抬起頭，往前方瞥了一眼，突然對書本感到一陣反感，甚至噁心。心想「世上怎麼有人發神經想閱讀？怎麼有人努力從這些醜陋的黑色字體中玩味出意義？」突然間，整件事變得很荒謬。不對，我現在想做以及需要做的不是閱讀，而是看——看深藍色的湖水、看黃色的頭在水面刻出線條、看屋外木板的紋路和汙漬。天啊，怎麼有這麼多東西可以看。飛天大嘴鳥（鵜鶘）蹣跚掠過水面，慢慢飛向天際。陽光閃爍在漣漪上，猶如鑽石。朱蒂絲突兀的黃綠色襪子。我深受這一切吸引，心想除了用雙眼貪婪地吞噬所有可見的一切，其他啥也不想做。

我想到了赫胥黎，試著花幾分鐘端詳我褲子的皺褶，但是一點也不有趣。（難道因為我穿的是短褲？）但是我確實進入到赫胥黎描述的那種全然忘我、沉浸在物質世界的境界，想要起身移動的欲望悉數消失；這裡有太多東西可以研究。我寫道：「這裡有足夠的東西可看、可探究、可經歷。這現狀讓人覺得什麼都夠了。」

「足夠」一詞在我那天的筆記裡出現多次，是概括這次獨特體驗的一個關鍵字。若說麥司卡林讓我沉浸在當下，並不完全正確。不對，我是被困在當下的一個無助俘虜，我的大腦完全喪失它平常要去哪就去哪的能力，亦即要嘛應該回到過去，根據記憶的線索和過去建立連結；要不就是往前，進入期待又焦慮的國度。但是我牢牢地站在當下的邊界上（雖然這狀態很快就會改變），並無想去別的地方的意願，也覺得不需要其他東西以求滿足。在我覺知領域裡出現的任何東西彷彿是澎湃的盛宴！我覺得什麼都不缺，一切都是滿的。

我心想，也許我找到一條密道，順利走出受困在新冠病毒與加州野火布建的焦慮迷宮，這密道不過是降低我對未來關注的程度（因為新冠病毒與野火主要是因為我們而存在），重新發現自新冠大流行病爆發以來生活裡的美以及樂趣。當下有種空間大增的寬闊感，感覺這是封城期間最佳解藥，協助調適世界限縮猶如坐牢引發的幽閉恐懼症。難道這就是困在果殼中，仍自以為是無限空間之王的感覺嗎？

我沉浸在我關注的對象，彷彿變了個人，突然對現狀產生強烈的渴望。我看不厭湖水波浪起伏形成的人字形圖案；看著小艇與水鳥在海灣裡忙碌地穿梭；遠端另一岸層層疊翠的植物夾在兩片巨藍之間，一邊是藍海，另一邊是藍天。

這多多少少類似致幻劑的作用。與其說是改變我們內心的感受（一如興奮劑或抗憂鬱劑的藥效），不如說是發現周遭的世界多了自己從未欣賞過的特質。服用西洛西賓或是LSD後，我們關注的對象可能重新有了生命，並在眼前蛻變：花園裡的植物突然有了感知，會回應我們的目光；或是一把椅子可能有了人性，變得惡毒。很多時候服用致幻劑之後，周遭事物不再只是靜物，它們往往指向已知世界以外的地方，另一個存在空間，有時候還可以跟著它們到達那兒。

但實際不是這樣。周遭物體並沒有指出方向。它們還是它們，而且比任何時候還更趨近本質。我做了一個神祕難解的註記「俳句式意識」（haiku consciousness），但是現在回想起來，我很清楚當時自己想要表達什麼：那一天，世上所有一切事物都帶著禪意，赤裸裸的存在，展露一種內在性（immanence）。

詩人羅伯特・哈斯（Robert Hass）曾寫過俳句具備這種特質，他認為這是因為在佛教的宇宙觀裡，沒有創造者，因此自然界的一切不具更高層次的寓意（儘管美國原住民會說「偉大的造物者」，但是他們也認為自然本身是完整而充分的，自然界萬物直接體現它的精神，而非象徵它的精神。）相形之下，根據基督教對萬物的觀念，認為自然是墮落的；後來的浪漫主義認為，自然可提供人類救贖，是超越與昇華的手段。但是無論是哪一種觀點，在我們的文化裡，自然的存在與作用是有寓意的，但它也被我們加諸在它身上的意義所束縛。

美國意象派詩人威廉・卡洛斯・威廉斯（William Carlos Williams）非常努力地卸下自然

背負的寓意、象徵主義，以及猶太教—基督教的外袍，我認為他是所有詩人中，做得最認真的一位。那天下午，我認定他是麥司卡林的守護神。（至於LSD、死藤水、西洛西賓的守護神則是浪漫派詩人：布雷克、惠特曼、金斯伯格等人。）不只一次，威廉斯成功地在詩中揭露事物裸露的真實狀況，最傳神的作品首推〈紅色手推車〉（The Red Wheelbarrow）：

這麼多東西
依靠
一輛紅輪子的
手推車
在雨珠中
晶瑩閃亮
旁邊有
幾隻白色的
雞

服用麥司卡林後，我重讀威廉斯詩作。以前總覺得詩有些冷冰冰，但是現在猛然間感受到一種找到同好的熟悉感，「它們就是我的眼睛！」眼前是某個世界的「實存」（isness），是該空間內所有客體在某個時間點的「實存」。俳句式意識。

然而同時還出現其他的東西——既存在於這首詩裡，也存在於麥司卡林的世界裡。一切美則美矣，但又感覺幾乎超過一個人意識可承受的程度，這感覺是酸楚還是無常？我不確定。不過隨著麥司卡林藥效變強，一開始對周遭一切的實存與內在本狀的喜悅不見了，取而代之的是我無法解釋的震顫或陰霾，直到另一位詩人的一句話突然浮現在我腦海：「一切的存在物浩瀚無邊。」*

正是這一點——一切的存在物浩瀚無邊，開始吞沒我，這時我進入體驗麥司卡林的下一階段。麥司卡林的藥效逼近高峰，感覺一切變得更陰暗。我忘了提到哈姆雷特說完「就算把我關在果殼裡，我會把自己當作是擁有浩瀚無邊領土的國王」的下一句台詞，「若不是因為我做了惡夢。」現在惡夢來了，現實大到超出我能承受的範圍。感官被放大，對一切事物的感受呈指數型放大——更多顏色、更多輪廓、更多紋理、更多光線。引用赫胥黎的話，這些「美妙到幾乎讓人恐懼的地步」。的確，我覺得一切輕易地往恐懼端傾斜。

* 這句詩文出自波蘭詩人米沃什（Czesław Miłosz）的散文詩〈Esse〉。

赫胥黎的麥司卡林體驗讓他深信，一般情況下，普通意識（ordinary consciousness）會透過減量或過濾資訊，保護我們不受現實影響。赫胥黎把意識比喻為「減縮閥」（reducing valve），這隱喻實在太貼切。根據這詞的字面意義，打開感知的大門很棒，但如果沒有普通意識幫忙過濾，一個習於大部分時間生活在舒適安逸象徵世界的人，會出現「心理恐無法承受，害怕被淹沒、被現實壓力搞到崩潰。」

在這階段我找到自我，有一剎那，感覺有些瘋狂。我第一人稱的主體性還在，但缺乏一切意志，也過於被動，無法保護自己免受現實和無限的攻擊。所以我閉上雙眼，希望能阻擋淹沒我意識的感官數據洪流。這讓我有喘息的空間，但只是短暫的。然後我看到複雜的身體姿態，在垂直的卷軸上舞動、糾纏，做出密宗或瑜伽的體式，這讓我想到印度的細密畫。我試著透過靜坐冥想，清空腦袋思緒，正在冥想的「我」一直變形，變成一個又一個我認不出的陌生人，輪流走進我腦袋裡冥想。我記得最清楚的一位是穿著白色鄉村風洋裝的年輕中南美洲女子，她似乎與我採訪過或讀過的麥司卡林使用者有些交集。事實證明，閉上眼睛比睜開雙眼更讓人難以招架；閉眼阻隔感官與外部的現實，但是內心情緒的閘門大開，為那些離我而去的人悲傷不已，也為所有人類感到無盡的悲傷，有認識的與不認識的，可能是現在、過去，或是未來會受苦的，我腦海所承受的痛苦比任何人所能承受的都要多，所幸腦還沒到迸裂的地步。承受這麼多痛苦可是會殺死一個人的。

我再次睜開雙眼，認定相較於打開情緒、記憶、想像力的閥門，我更有機會撐過感官閥門大開後湧入的洪水。我從未感覺自己的眼皮如此重要，重要到足以改變意識的通道。

我的腦袋發生了什麼事？腦袋外的世界（或是這屋子裡）存在太多東西，遠超過我們意識所能感知，這一個概念與神經科學的預測編碼理論（concept of predictive coding）一致。根據該理論，我們的大腦透過感官接收最精簡的必要資訊後，用於確認或修正大腦之前對外在環境的最可能預測。這些大腦對外部現實產生的預測（自上而下的預測）以及過往的認知與知識，多少像個地圖，指引（誘導）感官和心理，只要這些地圖能如實反映現實，讓我們成功穿梭在現實裡，就沒必要讓大量的細節湧入意識。物競天擇論型塑人類的意識，意識不一定要一絲不苟地重現現實，人類為了提高生存能力，只接受「少得可憐」（赫胥黎的說法）的必要訊息，而非一絲不漏地感知和思考全部訊息。

致幻劑似乎用了以下其中一種方式擾亂這個系統：有時候，大腦對現實的預測會突槌，例如你看到人臉雲，或是音符突然躍到紙上，或是發生了什麼事讓你深信自己被人跟蹤。服用LSD或是西洛西賓後，這類「突槌」的奇想也可能出現，因為大腦自上而下對外部現實產製的預測，不再受到外部現實透過感官自下而上傳到大腦訊息的充分約束或糾正。

但是若赫胥黎的說法以及我的經驗具有代表性，那麼服用麥司卡林後的大腦，可能發生很不一樣的事情。感官和情緒自下而上傳到大腦的訊息淹沒我們的意識，把大腦的預測、地圖、認知，以及「舒適符號」通通一掃而空，感覺這些我們用來組織內在和外在現實的工具，被摧枯拉朽的海嘯悉數吞沒。

所幸這種海嘯般的感官與心理體驗並未持續太久，我最後還是站穩腳跟，駕馭與周旋所有接收到的訊息，不至於翻船滅頂。麥司卡林持續發揮作用，如果你喜歡它的話，它應該是最慷慨的致幻劑。我慢慢熟悉與適應這趟十二個小時的旅程。現在，我恢復一定程度的意識控制力，可以深入研究我所見或所思的一切。那天下午，我變得健談，享受與朱蒂絲在一起的親密感。我們一起聽音樂，我可以從音符旋律以及音樂結構中聽到更多我之前沒發現的東西。傍晚的陽光灑進屋內，激發我對陰影的各種靈感，以及阻擋光線形成陰影的物體，外界評論這些投射陰影的物體（形成陰影的主人）時，有諷刺的、幽默的、挖苦的各種描述。音符呢？它們會投射陰影嗎？我邊聽音樂邊努力搜尋。（絕對會！）我研究窗外的湖水，紀錄每分鐘湖水的顏色或「情緒」變化。我的心被麥司卡林分子打開，感官之窗也大開。我發現有太多東西可品味，在這個地點，這個有朱蒂絲陪在身邊的時刻。

那天下午某個時間點，我一度冒出有些可怕的想法。如果我此時的經歷，是在知道自己快死的情況下發生，那麼我對此刻與此地究竟會有什麼感覺？如果是還剩幾週或幾天就要走了，又會是什麼感覺？眼前的這一切無比珍貴，同時也讓人感傷。我把這一幕的每個細節都視為珍寶與禮物，緊緊擁在感官的懷抱裡：藍色碗裡透出紅暈的香噴噴杏桃，退潮時光滑如鏡水面呈現的雲朵倒影，從海灣另一端傳來的海鷗哀鳴。我猛然意識到，如果快要死了會有何感覺，其實就是和現在一模一樣的感覺。

那麼為什麼不能一直有這樣的感覺呢？嗯，如果生活是鉅細靡遺、沒完沒了的觀察，肯定會很累。普通意識進化的結果可能不是為了培養這種感知力，這種感知力專注於實存，專注於沉思，會犧牲行動力。但是在我看來，這正是烏羽玉仙人掌所含的麥司卡林分子賜給我們的祝福，能以某種方式打開我們感知的大門，讓我們重新發現周遭顯而易見但鮮少被注意的實相：這裡正是我們生活之所在，充滿珍貴的禮物，也籠罩在死亡時刻逼近的陰影裡。

我做了筆記，以免致幻劑失效後忘記我的體驗：「麥司卡林讓我看到牆中的那扇門嗎？」如果是，那麼這扇門（誠如羅普試著告訴我的那樣！）更像一面鏡子，因為我要學的並不在門的另一邊，反而就在我的眼前，也一直就在這裡。

向聖佩德羅學習

我採訪過的原住民對於麥司卡林分子或是我的麥司卡林體驗不感興趣；他們認為，效力存在於仙人掌裡，不管這仙人掌是烏羽玉還是聖佩德羅，仙人掌尤其會在儀式裡展現它神奇的力量。

這下我更想參加烏羽玉儀式了。但是在新冠疫情期間，如何克服後勤問題順利抵達德州，然後在擁擠的印第安帳篷裡過一夜，並不容易。此外，還要考慮美國原住民教會所設的禁令：為了顯示對烏羽玉儀式的尊重，身為白人該做的就是，別打擾該儀式。飛到祕魯是不可能的（該國受到新冠病毒重創），而唐恩・維克多下一次來柏克萊不知是何時。不過我獲悉有個「攜藥人」（medicine carrier）曾和他一起受訓。她現在在一個不用搭飛機就能到達的地方主持瓦丘馬儀式，她絕不會用「聖佩德羅」這個名稱。我們一開始先交談，然後在戶外碰面，地點是她家的花園以及我家的花園。

塔洛瑪（Taloma，我應她要求這麼稱呼她）在三十多歲時開始從事藥品工作，當時她的婚姻剛破裂。她說：「我當時狀況不佳，住在廉價的汽車旅館，吃速食，孤伶伶一個人。」有天塔洛瑪開車經過大蘇爾（Big Sur），看到伊沙蘭學院（Esalen）的招牌，伊沙蘭是傳奇的隱修中心，人類的潛能就從這裡開始啟動。受到好奇心驅使，她把車停在門口，但是被拒在門外。按規定，只有參加學院活動的人可以入內。她拿了一份型錄後離開學院，開了幾英里，停在一個小鎮，結果把自己鎖在車外，等了數小時，拖吊車才來，期間她能做的只有瀏覽伊沙蘭學院的型錄。

她回憶道：「裡面都是玄之又玄、深奧難懂的東西。」塔洛瑪並非百分之百伊沙蘭青睞的客戶。她從未吸食過大麻，更別提比大麻還是強烈的藥品。她自認是十足的理性主義者，根本不相信「靈魂或能量」。但是伊沙蘭學院（自產有機食品、附設溫泉）似乎是理想的避難所，因此塔洛瑪報名參加為期一週的活動——「治癒內在的孩子」。這次經驗讓她踏上自我療癒的旅程，最終找到自己的使命：療癒他人，借助她所謂的「大師級植物藥」。

事後，塔洛瑪在伊沙蘭生活與工作了幾個月；「這塊神奇、神聖、療癒之地」對她起了療效。「這裡拯救了我的人生。」她告訴我。在大蘇爾期間，她和一位原住民長者「小熊」合作，進入名為「紅色路徑」（Red Path）的團體。她在大蘇爾後面的聖露西亞山脈（Santa Lucia Mountains）進行一系列探索，隻身在野外，禁食四天，有時延長為七天，甚至更久。她也參加淨汗儀式。

塔洛瑪離開大蘇爾當天，經歷一次瀕死之旅。她駕駛的吉普車在一號公路上翻車，滾了三次，差點墜入大海。昏沉中她發現自己在隧道裡，遠方有一束光，然後就恢復意識。她摔斷脖子，需要多次手術才能恢復行動能力。在這段痛苦、長達數年的療養期間，塔洛瑪發現原住民儀式裡使用含精神活化成分的植物具有療效，包括死藤水、烏羽玉、瓦丘馬、菸草等等。自此，她走上「植物醫學之路」。

塔洛瑪的顴骨高，留著中分的直髮，乍看可能誤以為她是印第安人。事實上，根據族譜，她是混血兒，主要是日裔美籍的後代，但帶有一點美國原住民血統。儘管她經常提及自己有原住民血統，但也會不厭其煩提醒大家：「我不是美國原住民，沒有經歷過那段抗爭史，自小也不是在印第安文化中長大。」她非常推崇印第安原住民文化，因此無論在哪個原住民的土地舉行儀式，事前都會請求當地印第安人祝福。

她踏上行醫之路後，花了數年時間和兩個不同支系的長老拜師學藝，一個是「伊薩奇拉特蘭聖火」（Sacred Fire of Itzachilatlan），該組織位於墨西哥，是相當年輕的心靈推廣運動團體，成立宗旨是結合儀式與植物藥，重新整合北美與南美的原住民文化；另一個支系是祕魯的傳統瓦丘馬儀式，拜師對象是唐恩・維克多以及唐恩的老師唐恩・奧古斯丁（Don Agustin）。經過二十年拜師學藝，塔洛瑪才覺得自己可以主持儀式以及配藥給藥。

她合作的植物藥品中，瓦丘馬占據特殊的地位。她告訴我：「每個植物都有自己的靈魂。」

「我與瓦丘馬產生交集，因為它有堅不可摧的生存意志。」這是事實！摘下一片瓦丘馬仙人掌，把它放在任何一個地方——地上、人行道上、陽光下或陰暗處，這塊殘片很快會冒出新芽。只要不是天寒地凍，瓦丘馬可以在任何地方生長：城市或鄉下、山上或平地、室內或室外；可以常澆水也可以幾個月不澆水；可以從任何殘片或傷口冒出新芽；而且就仙人掌而言，它的生長速度算快，一年就可長高一英尺。雖然它的花很壯觀，也有種子，但主要繁殖方式似乎是靠災難，例如被大刀砍傷或是被風吹斷。無論瓦丘馬遭遇什麼，都能泰然處之，因為這是冒出新生命的機會。相較於小型又脆弱的烏羽玉，瓦丘馬堅不可摧。

塔洛瑪說：「這是我想開給大家的藥。它知道城市的能量，頭頂上的飛機，街上的警笛聲，無所不在的Wi－Fi與手機電磁波，瓦丘馬知道我們面對什麼樣的壓力與難題。它是一種溫和能打開心扉的植物。我強烈感覺到，它正是此刻我們需要的醫藥。」

自新冠大流行病爆發以來，塔洛瑪沒有舉行過任何一次瓦丘馬儀式，但是她打算在八月下旬舉行一次。她邀請我和朱蒂絲參加，我很興奮。因為疫情之故，這個通宵儀式改在帳篷外舉行，而且會維持適當的社交距離。我們將戴上口罩，用各自的紙杯飲用瓦丘馬，而不是共用一個儀式杯。每個與會者也必須在活動前兩三天做新冠病毒檢測。

儀式登場的前一週，朱蒂絲和我郵購了新冠快篩劑。擔心晚上露宿會冷，所以我們也添購新的睡袋。透過視訊長聊，我們「會晤」了十多位塔洛瑪的「艾柳」（allyu，意思是社群，在此指塔洛瑪的同行），交換大家對儀式的看法與目的。我們那晚將喝掉三杯瓦丘馬。距離儀式還有兩週，我加入塔洛瑪以及她兩位助理的行列，在她栽種養護的一大片瓦丘馬仙人掌田裡，幫忙砍下瓦丘馬的長「手臂」。我們用鋸子切開仙人掌手臂，沒想到果肉出乎意料的嫩，然後我們決定在大日子登場前的某一天，把這些果肉煮了熬汁。

結果就在儀式預定日期前一週的週六晚上，巨大的閃電風暴席捲北加州。密布的閃電劃過西部天空，此起彼落，數百萬居民被驚醒，大家一致冒出可怕的想法：野火。短短一個小時裡，超過一千個閃電擊中乾旱已久的大地，引發數百場野火。幾天之內，霧霾遮蔽陽光，天空一片黃通通，到了週三，塔洛瑪用電子郵件寄出一封長信，宣布取消瓦丘馬儀式。

她寫道：「我們隔天醒來。神靈用令人難以置信的閃電風暴發出怒吼，在全加州引發大火……任何人現在若有時間、空間、能量，請替身陷恐懼和焦慮的人祈禱，祈求他們安全，祈求動物與土地安全。」

這也是沒辦法的事。我知道以這種方式詮釋自然災害既尷尬又狹隘，這些天災已經攪亂許多人的生活，至今焚毀成千上萬的房舍以及約四百英畝的森林，我不禁感歎我又一次被挫敗。儘管塔洛瑪在信中提到，希望能儘快另外安排時間，但是現在既已進入野火季，瓦丘馬儀式可能要等到雨季登場才有機會，到時在露天舉行儀式，即便可能，也會非常困難。我需要C計畫，但是C計畫是什麼？

酒醉駕車

因為野火，一些事情有了變化。接二連三的災難已造成損失，不僅影響我的計畫，也影響到我本人。疫情爆發後，幾個月下來，我想方設法保持樂觀。但是現在，病毒這個隱形威脅，加上野火這第二個看得到又感受得到的威脅，情況變得更棘手：微塵從天降落，植物葉片與汽車蒙上塵埃，或是進入我們的體內。新冠疫情讓待在戶外相對安全，而今野火逼迫我們再次足不出戶，還像得了強迫症，忍不住頻頻查閱網站，評估空汙對自己呼吸道的影響程度。我們的世界已經被大流行病大幅縮小，而今又被進一步限縮。

當局已發布「紅旗」警告，意味我們得準備好「逃生包」，一旦接到命令，隨時得撤離。因此我們在小行李箱裡，裝滿必需品，儘管每一次必需品都會隨情況而有所不同。

幾個月前，我開始著手這個麥司卡林計畫，當時主要是好奇心使然。希望透過追蹤麥司卡林的故事，以及一兩次的實際體驗，進一步認識含有麥司卡林成分的仙人掌、印第安人的宗教、意識的可能性等等。我並不是為了「被療癒」，不管這詞是什麼意思。但是對塔洛

瑪而言，療癒才是瓦丘馬被需要的全部意義，否則要醫藥幹什麼？

塔洛瑪準備瓦丘馬儀式時，曾請我撰寫祈禱文，我一開始寫出的內容學術性重於治療性，重點放在瓦丘馬能教導什麼有益我心靈的東西？塔洛瑪看了內容後雖然沒說什麼，但是我知道她很失望。她認為我太靠腦生活（她想的沒錯），所以我修改了禱文，加入更多個人感性的部分。我希望（好啦，改成祈求）少用點腦多用點心，更願意敞開心扉，表達自己的情緒。

這些用字（實際上是當代有關療癒的所有詞彙），我都說得吞吞吐吐，覺得彆扭。但是受到山林大火的打擊，我的內在能量與動力頓失，之前疫情沒有擊垮我，就是靠這些能量和動力協助我撐了過來，但是我現在開始感到絕望，不禁想知道：塔洛瑪可能是對的嗎？瓦丘馬說不定能幫助我們找到一條途徑，走出這多災多難的一年？

「創傷」是近來大量出現的詞彙。塔洛瑪不厭其煩將這詞掛在嘴邊，包括創傷如何「沉澱在你體內」、「阻礙你的能量」，如果不正視或不承認，就會發酵導致身體健康亮紅燈，例如癌症，因為「不舒服的小毛病」會惡化成疾病。常聽人說，不被正視的創傷會導致各種成癮現象，因為有創傷的人會藉助藥物或是強迫性行為進行「自我治療」。療癒專家提到，植物藥經常讓患者「浮出隱藏的創傷」，進而「解決」這些創傷。多常呢？我想知道。根據定義，創傷難道不就是一個特殊事件嗎？但現在看來，似乎每個人多多少少都有創傷，只是自己還不知道而已。

此刻（二〇二〇年），新冠疫情爆發、森林野火、愈來愈黑化的選舉季，我開始思考，我的創傷論可能不成立。我偶然在報紙上讀到一位心理學家被引述的話，她稱創傷不一定是獨立、戲劇性的事件。這位專家說，當我們被超出能力範圍的不可預測力量攻擊時，那種無力感才是創傷的核心。我心想，這難道不是我們現在的處境嗎？這位專家續道：「這就像我們坐進一輛車裡，旅程沒有盡頭，掌握方向盤的竟是個醉漢，沒有人知道痛苦何時會結束。」這畫面定格在我腦海，久久揮之不去。成千上萬的讀者一定也對這畫面感同身受（至少我知道我是），坐在那輛飛馳的汽車後座，緊張兮兮地握緊拳頭直到關節都被掐白。就在塔洛瑪取消儀式的電郵出現在我的收件匣裡，我正在重擬一份祈禱文，非常誠實地尋求協助。

計畫C

塔洛瑪說：「瓦丘馬本身不能治癒你。這植物的力量迂迴，不像死藤水，後者會緊抓著你，無論你想不想踏上旅程，它都會帶你上路。瓦丘馬不會在你體內留下任何東西，但是如果你邀請它進入，它會協助你掀開已經存在的東西，並以這種方式讓你參與自我療癒的過程。我看過它製造的奇蹟。」

由於儀式已取消，我遂問她能否教我熬煮瓦丘馬飲料，她點頭答應當我家教。我們圍著花園裡的一張桌子而坐，維持該有的社交距離。塔洛瑪向我示範如何切開瓦丘馬仙人掌，煮出一小份瓦丘馬茶。

塔洛瑪首先從皮包裡拿出一捆乾鼠尾草，然後用打火機點燃它；接著用煙燻瓦丘馬、刀具，以及我們的身體。烹煮瓦丘馬茶有兩種方式，塔洛瑪不藏私，全都教給我。第一種方式比較費勁，得把帶刺的仙人掌切成一英尺的長度，然後有條不紊地拔掉它的刺。首先從除刺開始，沿著每個小氣孔四周切出小凹槽，然後把刺挖掉，注意儘可能不要傷害到珍貴的莖

肉。接下來，把仙人掌豎起來，用一把長刀，小心翼翼沿著每條縱肋劈下去，讓它與木質的白心分家，然後把白心丟掉。

把三角形的縱肋切段，變成更容易處理的長度後，要去掉含臘的角質層（堅硬的半透明外皮），這層外皮連同尖刺，會保護仙人掌含水的莖肉不受惡劣環境影響。這是最費勁的步驟。為了把角質層慢慢地以條狀撕下來，我得用削皮刀或大拇指的指甲扣住角質層的邊緣。去掉刺之後，瓦丘馬的莖肉出奇地柔軟與溼潤，就像一條柔軟的黃瓜。它和任何一種含有生物鹼的植物一樣，嚐起來帶有苦澀味。可想像成泡過頭的茶，只是這個更難喝。

那是夏日某個午後，天氣晴朗，我隔著桌子坐在塔洛瑪的對面，學習如何切下與剁碎仙人掌的莖肉，感覺像在做飯，只不過有人陪：開心、斷斷續續、有成果。這場景讓我想到廚師在為要熬的高湯準備各種蔬菜，就某種意義而言，的確是如此。這個工作占用了雙手，但是並不需要全神貫注，所以我和塔洛瑪聊了起來，話題涵蓋野火、其他仙人掌飲料的做法，以及唐恩．維克多。我們不覺得自己在做什麼違法勾當。如果說那天下午有什麼讓我擔心的，可能是我擔心的還不夠。

塔洛瑪示範第二種熬煮仙人掌飲料的做法，比第一種簡單，也更讓人滿意，不過只能使用尚未長出木質白心的年輕仙人掌。先去掉一英尺長仙人掌的刺，然後橫著切片，切的愈薄愈好，這樣大概可以切出幾十片薄如紙片的六芒星，黃綠色的冠頂漸漸褪色，到了中心成了雪白色。

塔洛瑪把這些六芒星放入煮義大利麵的鍋子，幾乎裝滿整鍋的水，然後放在瓦斯爐上。這時，在廚房張羅飯菜的場景退場，改由更有儀式感的場景取而代之。塔洛瑪點燃鼠尾草，用煙燻一薰那鍋仙人掌，然後低頭看著鍋裡在水中翻滾的翠綠色六芒星，口誦祈禱文，然後開始用西班牙文唱誦。

塔洛瑪離開前交待我，把鍋裡的仙人掌煮沸，可能要煮上三天，只要水位降到幾英寸之下，就要小心翼翼地加水。當仙人掌從白色變成半透明，就可以關火冷卻，然後用紗布濾掉糊狀物，再把鍋重新放回爐子上，繼續熬煮，直到水量減半。最後將瓦丘馬茶倒入玻璃瓶，放入冰箱。

當我終於「見到」塔洛瑪的老師唐恩．維克多時，他在祕魯的庫斯科，我在加州柏克萊。那天視訊軟體Zoon發生問題，所以我們改用WhatApp連線，兩人的頭像在iPhone螢幕上縮小到和郵票差不多大。塔洛瑪擔任翻譯，這是艱難的任務，因為維克多說話像機關槍，來回穿梭在兩個世界，一下子在我們兩個有共同交集的世界（新冠疫情下的生活），一下子在那個和我天差地遠的世界。那個世界有自己複雜的宇宙學，建立在較高與較低的振動頻率上，有多種維度，有前世與聖地，這一切現象似乎出現在祕魯某個地方。說實話，大多數時候我都在狀況外，摸不 清頭緒。當我聽懂時，我覺得自己好像闖入馬奎斯（Gabriel García

Márquez）夢寐以求的世界，那兒另有一套讓人著迷的物理定律。

首先，我問唐恩・維克多怎麼稱呼自己——治療師、薩滿，還是神醫？他說：「我不是薩滿，這詞不是安地斯的蓋丘亞語。我不是治療師，因為我不治療任何人或任何疾病。」他稱自己是「chakaruna」，意思是橋樑，協助有需要的人到達他們需要去的地方。「但是名稱只是代號。」他指出，名稱和分類的時代（的確有利理性思維）已經是過去式。

「在現在這個時代，人類不需要那麼多的推理或提問。這並非理解宇宙思維和（母系—父系）大地的最佳方式，地球承載人類理性思考又沉又密的重量，已變得非常疲憊，尤其是過去兩千年裡。」他認為，這次大流行病代表我們與大地漸行漸遠，我們已經和「人類的兄弟姊妹——動物、植物、礦物、細菌、病毒等」失去連結。

「這也是何以新冠疫情導致的暫停如此重要。現在不是分析、合理化、理解問題的時候。現在是補充能量，讓能量再生的時候。」

在我手機螢幕上侃侃而談的人絲毫沒有一板一眼、一副老學究的模樣，而是很開心。維克多現年七十一歲，有張和藹可親的圓臉，奇的是沒有皺紋；他戴著眼鏡，鏡框掛著一條繩子，在臉頰兩側形成好笑的垂環，頭上戴著棒球帽。他開心地「侃侃而談」，似乎暗示他的回答會天馬行空、不著邊際，神遊到任何他想去的地方（有些地方還滿遠的）。

這通常需要踏上漫長的旅途，把我們帶到遠方，儘管他總能以某種方式回到類似答案之所在。我問他如何發現自己的天職時，他先提醒我：「當我們提出一個問題，它自動會產生九個答案，當我們想知道哪個答案能幫助我們時，又有九個答案會出現。」

例如，他如何發現自己的天職？整個故事從他五歲開始，他與母親兩人住在祕魯南部的阿亞維里鎮（Ayaviri），每天早上四點，他會溜出家門，慢跑九公里，翻越三座山，經過溪流與森林，進入阿亞維里鎮的小村蒂納哈尼（Tinajani），在那裡迎接日出。蒂納哈尼座落在壯觀的峽谷裡，奇形怪狀的紅色巨岩點綴其中，岩層中的洞穴被認為是聖地。維克多早上都在這些洞穴裡玩耍，他稱這些洞穴是「掌握生命歷史知識的跨維度穿越門」。印加人會將死者埋在這些洞穴裡，維克多年輕時會和這些人聊天，不明白他們已是幽靈。有天他在洞裡遇到一位老師，名字叫Hatun Sonq'o（意思是「心大」），我「認為」他是人（不是幽靈），但不是百分之百肯定。每天「他花三小時教我，讓我打開對前世的記憶，以及我現在可以侃侃而談的東西。」這些知識包括宇宙是宇宙振動的產物，較低的頻率與憤怒、暴力、束縛有關，較高的頻率與愛、和平、感恩相關。

這一切與瓦丘馬有什麼關係？唐恩．維克多逐漸從離題萬里回到我的問題上：他鑽研與使用瓦丘馬，因為這植物可以提高我們的振動頻率。

我冒著他可能又會離題侃侃而談的風險，追問他的母親對於他黎明前的冒險有何看法？他答道：「母親並不知道，其實沒有人知道。我回到家裡時，渾身髒兮兮，衣服都被扯破。我會脫掉衣服，跳進村裡的蓄水池洗淨身子，我還記得那水真冷，因為那是在海拔三千九百公尺的山上！當我洗完，渾身濕漉漉，整村的人都可以看到我。母親很生氣。她用羊駝皮織了一條鞭子，頂端有一個小球，她會用這鞭子抽我。但她從來不知道我去了哪裡。」

我問他有關瓦丘馬仙人掌的靈魂以及療癒功能。「它一直在教導我。我確信一個人花一生都學不完該植物要教導我們的東西。」維克多說，瓦丘馬和他一樣，都不是治療者；它更像個老師。他解釋道，我們有三個體（bodies）：身體、心理、靈性，他稱之為「三位一體」。（他形容每一個體都是「pacha」，意思是世界。）「瓦丘馬允許這三體一點一點地提高振動頻率，一直調高到它成為光，純粹的光。這就是照亮的意思。」聽完，我感到迷惑不解，但也許無大礙：「這植物讓你與頭腦斷開關係。你無法用理智思考是怎麼回事，你必須用你的身體感受它。」

維克多有自己的創傷理論。「當身體任何一個部位受到破壞性能量或創傷影響時，心會關閉以求自保。封閉的心不會痊癒，不會表達感受。這時頭腦（mind）會變得更活躍，因為心不再有感覺。頭腦會想到過去，會想到未來，但過去與未來並非實際的存在。這讓腦袋陷入混亂，介於回憶過去與進入並非實際存在的未來之間。它將失去生命的恩賜，亦即活在當下感受當下這個禮物。這正是為什麼西班牙語禮物這字的拼法是presente（此刻）。」

瓦丘馬會找出並疏通被創傷塞住的能量，讓頭腦安靜下來，讓心再次開口說話，帶我們重返當下。

在我們交談結束前，我向維克多請益，稱我已學到和瓦丘馬相關的知識，例如怎麼栽種，怎麼烹煮，但是因為野火以及新冠疫情，我應該是無法參加儀式，所以覺得很沮喪。他說道：「給你兩個建議。我們可以把儀式搬到網路，我將感受你的振動頻率，然後開出適當的劑量給你。這是我給你的禮物。」顯然他曾在Zoom上替歐洲人做過幾次線上儀式。這個建議似乎有些奇怪，我看得出塔洛瑪心存疑慮。的確，生活有太多東西已搬到Zoom的平台：教學、會議、逾越節晚餐、看診、葬禮、雞尾酒會等等，但是療癒儀式也可以嗎？我想知道這是否會涉及法律問題——Zoom的隱私安全性夠嗎？

我問維克多第二個建議是什麼？

「另一個建議是，你和瓦丘馬的靈緊密結合，和它說話，用心傾聽它。如果你清楚知道自已有何求，並清楚念出祈禱文，瓦丘馬會告訴你，你該喝多少量，以及什麼時候喝。」

「一對一儀式？」我驚訝地問道。

「是的。」

我和維克多結束通話後，過了幾天塔洛瑪（可能被維克多不按牌理的建議嚇到了）提出一個辦法，表示我們還是可以辦一場儀式，找一個室內寬敞的空間（例如大客廳之類的），將人數限制在六、七人之內，這樣大家都可以遵守社交距離的規定。我們將在儀式前的一兩天做COVID－19檢測，確定是否陰性。此外，塔洛瑪會調整儀式裡的一些元素，儘可能減少我們染疫的風險：大家有各自的杯子飲用瓦丘馬，薰香用的羽毛也會分開，所有東西都不共用。塔洛瑪只邀請謹慎防疫的人。這似乎是可行的計畫；朱蒂絲同意。所以我們把儀式安排在某週六晚上舉行。

我們選在一個起居室聚會，我熟悉與曾經住過的地方。朱蒂絲和我在預定的週六晚上提前抵達時，不禁感到訝異，空間被完全改造，傢俱被清空，取而代之的是巨大祭壇，上面擺滿奇怪又神奇的器物，占據室內的中心。乍看之下，這房間就像庫斯科的農夫市集，地板上鋪著五顏六色的織毯，還有四大張獸皮：熊、鹿、野牛、水牛。再仔細看，每件器物被謹慎地放在四個象限中的一個，每個象限對應一個方向與四元素之一。

以下是塔洛瑪擺在祭壇上的一些器物：裝著紫砂（出自大蘇爾）的小瓶子；數顆來自祕魯的巨大種子莢（蒴果）；一個雕工精細的葫蘆；一碗來自伊沙蘭學院的泉水；一塊大理石，上面刻了七大洲浮在水上；用瓦丘馬仙人掌曬乾核心製成的法杖；一支五彩的巨大玉米穗；化石；水晶；一打左右的蠟燭；一朵盛開的瓦丘馬花；八顆心型石頭；一個鮑魚殼，上面放著一包乾鼠尾草葉；一根禿鷹羽毛與一根白貓頭鷹羽毛；一組貝殼；一隻老鷹頭；還突兀地擺了一張已逝大法官金斯伯格的照片。塔洛瑪之前交待與會者各自帶一件物品放在祭壇上。我帶了一條黑色金屬手鏈，是我父親過世前戴了數年的遺物（這點有些令我不解），也是國際特赦組織寄給捐款人的紀念品。

塔洛瑪穿了一件白色上衣，斜掛一條祕魯飾帶，戴著一頂黑色帽子，帽子上別著許多被加持的小玩意。她的助手是「山姆」，三十多歲、體型瘦小，留著一頭黑色捲髮，雙眸顏色淡藍之至。我們沿著祭壇周圍坐下，然後塔洛瑪開始不厭其煩地解釋這晚會發生什麼——至少得喝三杯瓦丘馬（可自選是否要第四杯），黎明時塔洛瑪會對水祈福，至於深夜的菸草儀式則無強迫性（稍後會詳論）。她端出一些規則：儀式中不得交談；除了上廁所，黎明前不得離開祭壇；黎明前，不得吃東西或喝水。山姆發給每人一個水桶，以防我們「痊癒」時（其實是噁心想吐時）可能用得到。塔洛瑪解釋，與會者偶爾會想吐，但這是淨化，應該被視為祝福。塔洛瑪點燃乾燥鼠尾草，在我們之間慢慢走動，薰煙繚繞著祭壇以及我們每個人打轉。她為我們、為動盪的國家與世界祈禱。她召喚仙人掌的靈魂，教導我們如何治癒自己，以及一旦治癒，我們該如何伸出援手療癒他人。她說：「我們是自己最好的治療師。」仙人掌洞悉我們的身體、心理與靈性，讓我們看清哪些地方需要被關注。一如烏羽玉，瓦丘馬的目光也能看透一切。

直到塔洛瑪叫我們一個個輪流起身喝下第一杯瓦丘馬時，這些冗長的「前置」作業肯定花了兩個小時以上。輪到我時，山姆把八盎司左右的液體倒入杯裡，然後遞給塔洛瑪，後者對著液體唸了一段禱詞，然後用兩手捧著杯子遞給我。我默念自己的禱詞，再一口氣喝光褐色液體，這藥汁實在太苦，苦到忍不住全身抖顫。山姆對我噴了一些佛羅里達水，*我先用兩手搓一搓，然後湊到鼻尖聞。他指導我用鼻子吸氣，嘴巴吐氣，同時發出聲音。在整晚的儀式裡，大家遵照指示，儘可能用這種方式呼吸，在黑暗中大家發出各種奇怪、原始，彷彿來自異界的聲音，充當儀式的背景配樂。大家喝完第一杯瓦丘馬後，塔洛瑪開始唱誦一首關於蜂鳥的歌，聲音甜美、迷人。

這一晚漫長而奇特，有許多的插曲和細節。對我而言，整個經歷的強烈程度超出我預期，但也低於我的預期，因為我發現瓦丘馬出奇溫和，不像純麥司卡林能完全控制我的意識，即便我已喝了四杯，也沒有看見任何異象。它的功效是鬆綁所有綁住我、把我固定在某個時空的繩索，讓我得以在如水流的夜晚自由自在地隨波漂浮。但是這些水流與其說是源於我的思緒與情緒，不如說是源於室內發生的一切：塔洛瑪唱誦和山姆吹蘆笛產生的振動；貓頭鷹在我頭部四周振動雙翼造成的詭異聲響；投射在波浪形天花板的燭火陰影；尤其是從呼氣聲聽得出大家的情緒變化，這是大家在黑暗中唯一能互相連結的管道。這些呼氣時發出的

* 根據Google搜尋結果，佛羅里達水（Agua de Florida）是帶有柑橘味的水，薩滿在儀式中用它來「淨化身體磁場四周沉重的能量」。該水含有足夠的酒精比例，剛好可充當疫情期間的乾洗手液。

聲音，似乎源於我們內心深處的某個地方，一下子傷感，一下子痛苦，一下子像被煩惱糾纏，一下子釋懷。這些聲音交織在一起，具有感染效果，催生出一種心理狀態，有助於我進一步理解療癒儀式的力量，以及麥司卡林這個化學成分與團體儀式如何創造出一個過渡的通道，帶領我們擁抱新的可能性。此外，在這個臨界空間裡，整個團體如何變成會呼吸的生命共同體，變成比所有個體總和還大的一體。我可以看到（感受到）瓦丘馬如何軟化自我和世界的邊界線，讓我們脫離平常的時間維度，暫時卸下懷疑，也讓整個儀式變得更有力量。

這絕非小事一樁。參與儀式的我們不過是一群美國佬，多數是住在美西的白人，竭盡所能讓一場源於安地斯山脈的古老儀式順利上路。我們這麼做是否犯了文化挪用罪？你可以這麼說。但是這樣的見解是白天恢復清醒後的產物。在那個彷彿被施了魔法的夜晚，這樣的想法一掃而空，連同當前許多實存的東西也一併消失。這得歸功於瓦丘馬，協助我們織出這張魔網，讓我們相信並接受這樣的儀式。也必須歸功於塔洛瑪，她以堅定不移的信念稱職地履行自己的角色。對我們而言，她是藥醫、是古老智慧的守護人、是瓦丘馬拉（Wachumara），她在儀式上唱誦與祈禱的表現彷彿變了一個人，遠超過我對她的認知。塔洛瑪對自己的角色駕輕就熟，如魚得水，讓人印象深刻。

我自己的經歷完全超乎我原本的預期。其他人對這個瓦丘馬儀式有更強烈的反應，他們的反應倒頭來影響我本身的體驗，讓我決定走出第一人稱「我」的角色，聽起來雖然奇怪，但是那晚的大部分時間裡，我都是以第三人稱的角色參與。現在回想起來，成為旁觀者正是我需要的，這提供我一條可行的通道，走出這一年來困在果殼的沮喪處境。

我們喝完第一杯瓦丘馬後不久，我開始聽到坐在客廳對面的朱蒂絲輕聲哭泣。塔洛瑪走到她身邊，我聽到她們低聲地認真交談。糾纏朱蒂絲的問題出現了，是她之前參加另一場植物藥療時碰到的問題，我知道是怎麼回事。她已故父親上一次曾出現在她面前，她深愛父親，但岳父大半輩子走不出失落與恐懼的沉重包袱。他十幾歲就失怙，自此一直與各種惡魔纏鬥，直到晚年，他突然轉性，開始對人生感到心滿意足。（他過世前幾年，朱蒂絲請他解釋這是怎麼回事，他聳聳肩，告訴她：「我沒有時間再去理會那些鳥事，所以我決定放手。」）她父親在世時，朱蒂絲非常認同她父親的想法與價值觀，覺得有義務分擔一些他的痛苦（她後來才慢慢明白自己這個傾向）。在上一次的藥療儀式上，她進入冥界，見到她父親，父親告訴她，不用再背負他的重擔，他放手讓她自由。

但是朱蒂絲無法接受這禮物，這也是我很吃力才勉強聽到她對塔洛瑪說的。朱蒂絲的母親還在世，不准女兒甩掉身上任何一點重擔。朱蒂絲自己也不願意放下。迄今，這個從原生家庭承繼下來的重量是她之所以是她的支柱，攸關她的身分認同與在家族系統排列的角色。如果她放手，會剩下什麼？因為太害怕，她不敢輕言放棄。

我可以聽到塔洛瑪鼓勵朱蒂絲邁出一步，放棄從原生家庭承繼的一切。「這是妳的選擇。我們用語言創造世界，說出來吧，別憋在心裡。」但是朱蒂絲這下哭得更厲害，說服不了自己一吐為快。我很難過聽到這些。（或者應該說，很難過只聽到她哭而「沒」聽到她開口。）我覺得很無力，因為無法說話，也無法摸摸她給她一些安慰。朱蒂絲一定感受到我的心意，因為我聽到她隔著寬敞的空間對我悄悄說道：「我得自己完成這件事。」不管瓦丘馬對我有什麼作用，在這一刻，所有作用都已消失。

塔洛瑪提議給朱蒂絲進行菸草儀式。我在幾週前，慢慢熟悉塔洛瑪期間，曾經做過一次菸草儀式，所以知道是怎麼回事。很抱歉，在這章有關麥司卡林的報導裡，又介紹大家認識另外一種植物藥（菸草）。但是在原住民儀式裡，治療師使用一種以上植物藥是常見現象。從我閱讀的文獻裡驚訝地發現，許多薩滿認為菸草是最強效的植物藥，所以菸草在許多傳統儀式中（包括美國原住民教會的烏羽玉聚會），占有突出地位。今天的西方人對菸草有諸多負面評價，認為菸草十惡不赦，但是塔洛瑪解釋，這不過是因為白人到達美洲後濫用又剝削這種神聖植物，把菸草從神聖植物，變成致命、令人成癮的一種習慣。

原住民儀式使用菸草的方式不一，但通常用來除瘴或是淨化負面能量。在塔洛瑪的版本裡，接受菸草療癒的人會站在她面前，用手指塞住一個鼻孔，塔洛瑪唸一段簡短的祈禱文，最後以「身體、心理、靈魂」這幾個字結尾。聽到「靈魂」時，你會深吸一口氣，同時塔洛瑪用針筒把菸草汁輸入你鼻腔深處。這時感覺有一把火由前而後穿過你頭顱頂部，沿著脊柱而下，這是一種強烈的感官衝擊。塔洛瑪會鼓勵你跺腳、抖動雙臂、擺動臀部、盡情地吶喊，釋放所有壓抑的情緒。這把火滅了之後，至少有段時間你覺得頭腦煥然一新，思緒清晰，心理奇妙地平靜。

直到我們大家喝完第三杯瓦丘馬，朱蒂絲才向塔洛瑪要求進行菸草儀式。朱蒂絲是個極端注重隱私，不喜歡在眾人面前表露自己感情與想法的人，因此在大家面前提出這樣的要求確實需要勇氣。我本想提醒她一些訣竅，但是礙於塔洛瑪規定不得交談而作罷。我一直等到塔洛瑪出去準備菸草，才低聲對朱蒂絲說：「不管你做什麼，絕不要吞下菸汁！」之前塔洛瑪把菸草汁灌入我的鼻腔，我讓一些汁液滑到喉嚨下，結果一整晚都覺得不舒服，感覺吞下菸灰缸全部的菸蒂與菸灰。

要見到菸草儀式並不容易。既然我現在已完全清醒，便轉而替朱蒂絲禱告，屋裡其他人也跟我想法一致。朱蒂絲似乎完全沒有意識到自己是大家注意的焦點；我心想，是不是大家集體的能量給了她力量。其他人各自在自己的位置看著，塔洛瑪說到「靈魂」時，菸草汁在朱蒂絲體內流淌，她的雙臂、雙腿、聲帶受到菸草力控制，完全不聽使喚。她的喉嚨發出深沉類似動物的聲音，她的身體似乎被附身，手腳不受控制地痙攣舞動。山姆吟唱一首禿鷹之歌，並一遍又一遍反覆唱誦副歌部分。塔洛瑪跟著朱蒂絲的擺動移動位置，用雙手碰觸朱蒂絲的身體（這時只好打破社交距離的規定），並象徵性地從她的腹部、頸部和頭頂，扯出一截一截的死結。

整個菸草儀式只持續幾分鐘，經歷的風暴平息後，朱蒂絲回歸平靜，她後來跟我說，她覺得被清空與淨化，感覺很舒服。她心裡一些東西已然改變，但能否持續有待觀望。

我覺得這次的瓦丘馬儀式猶如一種信仰療癒，幫助我了解團體集體療癒的力量。因為除了植物藥水與儀式，還有在場其他人士匯聚的能量，能量會導引至一個人、一個結果。我們也見證到，喝下三杯瓦丘馬可以卸下心理與身體的防禦機制（朱蒂絲在平常甚至連按摩都受不了），鬆綁我們對自己是誰以及必須是誰的僵化描述。在瓦丘馬協助下，朱蒂絲卸下理應固若金湯、堅不可摧的一面，把最真的她攤在大家眼前。儘管不保證一定會出現和朱蒂絲一樣的經歷，但是在這個空間裡，一個新故事也許開始成形。

戲劇性的一切結束後，我迫切想要返回自己的旅程，斟酌之後，我向塔洛瑪要求喝第四杯瓦丘馬。我走向祭壇，她問了我幾個問題，評估我的意識狀態，最後同意我可以再喝一些。她決定加強第四杯的效力，所以加了一大勺從祕魯進口的粉狀瓦丘馬。結果這杯瓦丘馬汁更濃稠，更難以下嚥，但是我慶幸可快速再次進入內在旅程，比之前的旅程走得更遠、更深入。接下來整晚，我被溫暖的思維與情緒包圍，彷彿徜徉在溫暖的水流裡，進入愉快、漂浮狀態的冥想。這狀態通常發生在致幻劑體驗進入高潮之後，儘管我無緣這樣的高潮。旅程中，我拜訪這輩子相遇過的人，包括在世與離世的。我想解決糾結我甚久的問題，但這些問題現在似乎不再糾結；它們一一進入我的覺知場域，然後離開，與其說解決了它們，不如說我釋懷了。期間我一度想知道，為什麼我沒有出現情緒或精神危機（崩潰），難道是我防禦性太強因此瓦丘馬無法突破？還是我在恍惚狀態時，沒有如我預期發生很多事。

最後我轉移注意力，認真做起塔洛瑪建議的「三階段寬恕」與感恩練習，這些練習維克多也提過。塔洛瑪說，藉由祈求上蒼寬恕我們，寬恕我們曾給別人帶來痛苦，「我們可以切斷過去與一些人相連的恩怨與負面能量。」接下來，我們原諒那些造成我們痛苦的人。我召喚我的父親、朱蒂絲、我兒子、姊妹、一些朋友，祈求他們原諒也原諒他們。果不其然，瓦丘馬削弱過去束縛我的羈絆，讓我更容易放下遺憾。然後我們原諒自己。

寬恕之後是感恩。我現在淚流不止，難以自抑——感謝生命中遇到這些人，感謝我有這樣的人生（不管還剩幾年可活），感謝認識這種能讓我流淚的植物，感謝它幫助我看見，即便在疫情籠罩黯淡無光又死傷頻傳的季節，我還是有說不完的感謝。彷彿絕望不再是選項。（這些話聽起來多動聽啊！從沒想過自己也會這麼感性。恐怕平庸是使用致幻劑無可避免的危險；致幻劑是知識精深的老師，教你看透表象。不過有時這些正是我們需要的課程。）

儀式即將結束，塔洛瑪開始對水禱告，但我還繼續飄盪在溫暖的情緒水流裡。我們整晚一口水也沒喝，現在能喝上一些水，勢必會很舒服。但是首先得完成儀式。塔洛瑪點燃一支粗大的香菸，對著水壺呼出幾口煙，然後禱告。她唸著冗長而哀傷的祈禱文，感恩取自伊沙蘭學院的山泉，純淨、孕育生命；哀歎河水與海洋因為人類貪婪與粗心，逃不過被汙染的厄運；悲歎大自然被我們這時代輕踐破壞；悲鳴國家貪腐、新冠病毒與山林野火如幽靈進逼。她唸唸有詞，衷心希望疫情以及隨之而來的大停擺能給人類一個機會，讓我們覺知自己對地球的惡行惡狀，進而改變既有的生活方式。她提醒我們，封鎖措施顯示，只要給大自然機會，大自然很快能自我修復。她說：「『現在』時間到。」她的聲音粗啞，可能是因為急迫與壓力使然。這個發自內腑的聲音彷彿從地心深處傳來。這會是我們最後的機會嗎？

水祈福戛然而止，塔洛瑪不給我們緩衝時間，毫無預警地，一下子把我們從夜間恍惚的夢境拉回到白天的現實。大家有幸共處一夜後，得繼續面對空間外等著我們的各種危險。短暫脫離現實，擺脫山林野火與新冠病毒的糾纏，現在儀式落幕，接下來呢？塔洛瑪談到了漣漪，以及漣漪的外擴現象。她為我們禱告，希望我們成為有療癒力的漣漪，像水波一樣從這個房間向外擴散，在還來得及之前，協助修補世界。你可能得在現場，才能感受到她說話的氣勢，才能靠瓦丘馬打開你的心門，只不過她說的話既打動人心卻也讓人心痛。

黎明第一道曙光悄悄滲進屋內，我們貪婪地喝下白開水，心存感恩。

儀式的終曲是大家輪流分享心得，每個人都有機會說說這一夜發生的事，並努力理解是怎麼回事。我驚訝地發現，朱蒂絲的經歷對其他人影響甚大，尤其是許多人和父母的靈魂交流，把他們帶進我們共享的空間；其中母親的影響力在我們多位人士的心得分享中占據很大比例。我們和已逝父母的靈魂無論如何都說不上融合，但已經開始重疊，大家多久沒有發生過這樣的事了？

輪到朱蒂絲分享心得時，她不好意思地為「昨晚所有鬧騰」致歉，然後說出她之前一直說不出口的話，稱她準備卸下父親這個包袱。但她用的是未來時態，被塔洛瑪提醒「未來並不存在」後，遂把剛剛的話再說一遍，這次用的是現在式，而且面帶笑容。

分道揚鑣返回各自的人生軌道前，我們用手機自拍一張團體照，大家擠成一團，努力塞進鏡頭裡，這畫面感覺像進入新冠疫情已經遠颺的夢境裡。照片中，所有人衣衫邋遢、疲憊不堪，卻又精神奕奕，而且大家的心以一種十幾個小時前不曾有過的方式互相連結。彷彿我們一起乘著橡皮艇順著水流而下，經歷無法形容的磨難，但共同走過的難關已讓我們改變。塔洛瑪說，可能需要幾天或幾週才清楚怎麼回事。她說：「瓦丘馬的靈魂會在你們體內停留幾天，也許更久。尋找它。」塔洛瑪整理她的祭壇，把神聖的器物放回織袋與木盒裡，然後把瓦丘馬花遞給朱蒂絲。花已稍稍枯萎，但依然豔麗。

謝辭

感謝為這本書從找資料、寫作，乃至出版做出貢獻的每一個人，因此謝辭要從二十五年前說起。當時我的朋友兼《哈潑》雜誌的總編輯保羅．塔夫寄給我一本《大眾的鴉片》，這本地下出版社印製的書籍讓我短暫轉職，種起罌粟花，並為本書鴉片章節的初稿提供素材。我也非常感謝《哈潑》雜誌當時以及到今天一直擔任發行人的約翰「瑞克」麥克阿瑟。為了讓我能夠順利（以及安全地）發表這篇文章，瑞克的所作所為超出任何一位發行人能做的。也感謝《哈潑》當時的編輯路易．拉普漢（Lewis Lapham）向我邀稿，支持我寫出在自家花園栽種鴉片罌粟花的過程。維克多．科夫納是專精憲法第一修正案的律師，也是讓這篇文章能夠見天日的核心人物之一。我的小舅子是王牌律師，感謝他在我經歷各種波折時，協助我看清脈絡、保持冷靜。儘管最後沒有接受刑事辯護律師大衛．艾特金（David Atkins）的建議，但還是要感謝他的諮詢與關照。

咖啡因章節一開始是出版有聲書，由Audible公司在二〇二〇發行上市。我感謝Audible

的團隊，尤其感謝道格・史坦富（Doug Stumpf），他認為這構想足以成文而向我邀稿。也感謝蘇珊・班塔（Susan Banta）一絲不苟進行事實查核、審稿、加工。我在本書這章節新增大量關於茶的內容，有關茶的資訊，這些年我從「尋茶」公司（In Pursuit of Tea）老闆薩巴斯坦・貝克威斯（Sebastian Beckwith）學到很多。大衛・霍夫曼（David Hoffman）是覓茶高手、進口茶商、茶葉收藏家，感謝他不吝分享熱情與淵博的知識，慷慨讓我品茶，至今仍是回憶滿滿。感謝友人與同事彼得・薩克斯（Peter Sacks），提醒我咖啡因在詩作〈秀髮遇劫記〉扮演的角色。感謝拉傑・帕特爾（Raj Patel），介紹幾本有關茶與咖啡的政治經濟影響力的書籍，沒有他的協助，我自己永遠找不到。

有關麥司卡林的寫作，我欠下很多人情債。一開始，Limina基金會的愛黛兒・蓋提（Adele Getty）與麥可・威廉斯（Michael Williams）和我分享大量有關麥司卡林的知識，指出這個生物鹼被廣泛用於美洲原住民部落與西方社會。感謝友人與IPCI的創辦人寇迪・史威夫特，以及他的同仁Miriam Volat，讓我了解烏羽玉仙人掌受到的威脅，以及引介我認識美國原住民教會多位會員。IPCI的宗旨是替美國原住民保育烏羽玉，這是刻不容緩的工作，值得我們支持。律師傑瑞・帕欽自一九九〇年代以來，一直為美國原住民合法使用烏羽玉的權利奮戰，感謝他提供我豐富的見解以及一些指點迷津的歷史文獻。Adrian Jawort認真審閱這一章，讓這篇有關烏羽玉的部分多了美國原住民的視角。感謝Cozzi與Dave

Nichols，指導我麥司卡林的化學知識與藥理學。感謝基普・楚勞特與Tania Manning教導我認識悉數歸類在聖佩德羅類目下令人困惑的仙人掌植物學。感謝馬丁・泰瑞也做了同樣的指導，讓我進一步認識烏羽玉仙人掌的植物學。我虧欠Michael Zeigler大人情，感謝這位智者不吝分享他的遠見與園藝知識。感謝Bob Hass協助我理解麥司卡林讓我的想法與感知（還能在哪兒呢）出現俳句式意識。感謝Bob Jesse、Joe Green、Mike Jay、Bia Labate、Françoise Bourzat、Tom Pinkson、Dawn Hofberg與Erika Gagnon，他們讓我更深入認識仙人掌藥汁及其歷史。最後，感謝Bridget Huber，用她的「細齒梳」地毯式地檢查，讓我可安心地將此書付梓。感謝老友Howard Sobel與他在Latham & Watkins律師事務所共事的同仁Rob Ellison，以敏銳的法律眼光閱讀此文後，讓我可以睡得更安心。

一如既往，感謝從以前至今唯一合作過的書籍編輯Ann Godoff，感謝她的熱情與胸有成竹的指導。感謝也是我唯一合作過的文學經紀人Amanda Urban。出版界每發生一次動盪，莫不提醒我自己多幸運。這兩人各自所屬的團隊都是業界的頂尖。特別感謝企鵝出版社的Sarah Hutson、Casey Denis、Sam Mitchell、Darren Haggar、Karen Mayer、Danielle Plafsky、John Jusino與Diane McKiernan，以及ICM的Jennifer Simpson、Sam Fox、Rory Walsh與Ron Bernstein。感謝倫敦Curtis Brown出版社的Daisy Meyrick與Charlie Tooke。還要感謝英國企鵝出版社的Simon Winder，感謝他一流的編輯，多年的支持與中肯的提醒，讓我知道並非所有讀者都是美國人。能與這些人一起合作，實感榮幸。

還有一位聰慧女性對我出版的每一本書莫不發揮關鍵作用。有時隱身在幕後，這次則出場了幾次。這人當然就是朱蒂絲．貝爾澤，我的妻子與人生伴侶。感謝妳一直是我徵詢意見的對象，感謝妳精彩的建議、厲害的編輯、整合的功力，以及願意來參加這次體驗分享妳的經驗——妳的慷慨超出我合理期待的程度。感謝兒子Isaac Pollan，謝謝你一路關注與支持父親的新聞冒險。和你對談工作的事，一直讓我受益匪淺，更別提你的意見讓我精進煮咖啡的技巧。我也感激不盡寫作的夥伴：Mark Edmundson、Mark Danner、Gerry Marzorati、Jack Hitt與Dacher Keltner。謝謝你們專業的對談與建議。無論在構思中還是電話裡，你們讓我不覺得孤軍奮戰。

最後但同樣重要的是讀者，感謝他們提供動力，讓整個寫作工程順利上路。其中一些人早在一九九一年我出版《*Second Nature*》以來就一路陪著我，感覺何其有幸能與這群讀者一起走過這段艱難、曲折的旅程。一路從花園、農場、廚房，走到心智與意識。現在又回到起點，探索我們人類倚賴的植物，以及人類的欲望如何被這些植物左右。感謝大家思想開放、好奇心旺盛、慷慨，尤其是你們寫給我的信件、電郵、貼文與推文，我從大家身上學到很多東西，就像你們從我這裡學到東西一樣。你們每一次願意花時間關注我，我都覺得榮幸之至。

參考書目

第一篇　鴉片

Baum, Dan. "Legalize It All." *Harper's Magazine*, April 2016.

———. *Smoke and Mirrors: The War on Drugs and the Politics of Failure*. New York: Little Brown, 1996.

Booth, Martin. *Opium: A History*. New York: Thomas Dunne Books, 1998.

De Quincey, Thomas. *Confessions of an English Opium-Eater*. Norwalk, CT: Easton Press, 1978.

Halpern, John H., MD, and David Blistein. *Opium: How an Ancient Flower Shaped and Poisoned Our World*. New York: Hachette, 2019.

Hogshire, Jim. *Opium for the Masses: Harvesting Nature's Best Pain Medication*. Port Townsend, WA: Loompanics Unlimited, 1994.

Keefe, Patrick Radden. "The Family That Built an Empire of Pain." *New Yorker*, October 23, 2017.

Lenson, David. *On Drugs*. Minneapolis: University of Minnesota Press, 1995.

Macy, Beth. *Dopesick: Dealers, Doctors and the Drug Company That Addicted America*. New York: Back Bay Books, 2019.

Nutt, David. *Drugs Without the Hot Air: Minimising the Harms of Legal and Illegal Drugs*. Cambridge, UK: UIT Cambridge, 2012.

Pendell, Dale. *Pharmako/Poeia: Power Plants, Poisons, and Herbcraft*. Berkeley: North Atlantic Books, 2010.

第II篇　咖啡因

Allen, Stewart Lee. *The Devil's Cup: A History of the World According to Coffee*. New York: Soho Press, 1999.

Balzac, Honoré de. *Treatise on Modern Stimulants*. Translated by Kassy Hayden. Cambridge, MA: Wakefield Press, 2018.

Braudel, Fernand. *The Structures of Everyday Life, Vol. 1*. New York: Harper and Row, 1981.

Carpenter, Murray. *Caffeinated: How Our Daily Habit Helps, Hurts, and Hooks Us*. New York: Plume, 2015.

Couvillon, Margaret J., et al. "Caffeinated Forage Tricks Honeybees into Increasing Foraging and Recruitment Behaviors." *Current Biology* 25, no. 21 (November 2, 2015): 2815– 18. doi:10.1016/j.cub.2015.08.052

Ekirch, A. Roger. *At Day's Close: Night in Times Past*. New York: W. W. Norton, 2005.

Grosso, Guissepe, et al. "Coffee, Caffeine and Health Outcomes: An Umbrella Review." *Annual Review of Nutrition* 37 (2017): 131– 56.

Halprin, Mark. *Memoir from Antproof Case*. New York: Harcourt, Brace, 1995.

Hobhouse, Henry. *Seeds of Change: Six Plants That Transformed Mankind*. Berkeley: Counterpoint, 2005.

Hohenegger, Beatrice. *Liquid Jade: The Story of Tea from East to West*. New York: St. Matin' s Press, 2006.

Houtman, Jasper. *The Coffee Visionary Visionary: The Life and Legacy of Alfred Peet*. Mountain View, CA: Roundtree Press, 2018.

Juliano, Laura M., Sergi Ferré, and Roland R. Griffiths, "The Pharmacology of Caffeine." *The ASAM*

Principles of Addiction Medicine: Fifth Edition. Wolters Kluwer Health Adis (ESP), 2014.

Kretschmar, Josef A., and Thomas W. Baumann. "Caffeine in Citrus Flowers." *Phytochemistry* 52, no. 1 (September 1999): 19– 23. doi:10.1016/ S0031-9422(99)00119- 3.

Kummer, Corby. *The Joy of Coffee*. Boston: Houghton Mifflin, 1995.

Milham, Willis I. *Time and Timekeepers: Including the History, Construction, Care, and Accuracy of Clocks and Watches*. New York: Macmillan, 1923.

Mintz, Sidney W. *Sweetness and Power: The Place of Sugar in Modern History*. New York: Penguin, 985.

Morris, Jonathan. *Coffee: A Global History*. London: Reaktion Books, 2019.

Pendell, Dale. *Pharmako/Dynamis: Stimulating Plants, Potions, and Herbcraft*. San Francisco: Mercury House, 2002.

Pendergrast, Mark. *Uncommon Grounds: The History of Coffee and How It Changed Our World*. New York: Basic Books, 1999.

Reich, Anna. "Coffee and Tea: History in a Cup." *The Herbarist Archives* 76 (2010).

Reid, T. R. "Caffeine— What's the Buzz?" *National Geographic Magazine*. January 2005.

Saberi, Helen. *Tea: A Global History*. London: Reaktion Books, 2010.

Schivelbusch, Wolfgang. *Tastes of Paradise: A Social History of Spices, Stimulants, and Intoxicants*. Translated by David Jacobson. New York: Pantheon Books, 1992.

Sedgewick, Augustine. *Coffeeland: One Man's Dark Empire and the Making of Our Favorite Drug*. New York: Penguin Press, 2020.

Spiller, Gene A., ed. Caffeine. Boca Raton, FL: CRC Press, 1998.

Standage, Tom. *A History of the World in 6 Glasses*. New York: Bloomsbury, 2005.

Ukers, William H. All About Coffee. New York: The Tea and Coffee Trade Journal Company, 1922.

van Driem, George. *The Tale of Tea*: *A Comprehensive History of Tea from Prehistoric Times to the Present Day*. Leiden, NL: Brill, 2019.

Walker, Matthew. *Why We Sleep: Unlocking the Power of Sleep and Dreams*. New York: Scribner, 2017.

Weinberg, Alan, and Bonnie K. Bealer. *The World of Caffeine: The Science and Culture of the World's Most Popular Drug*. Abingdon, UK: Routledge, 2001.

Wright, G. A., et al. "Caffeine in Floral Nectar Enhances a Pollinator's Memory of Reward." *Science* 339, no. 6124 (March 8, 2013): 1202– 4.doi:10.1126/ science.1228806.

第三篇 麥司卡林

Artaud, Antonin. *Antonin Artaud: Selected Writings*. Edited by Susan Sontag and translated by Helen Weaver. New York: Farrar, Straus and Giroux, 1976.

Bourzat, Françoise, and Kristina Hunter. *Consciousness Medicine: Indigenous Wisdom, Entheogens, and Expanded States of Consciousness for Healing and Growth: A Practitioner's Guide*. Berkeley: North Atlantic Books, 2019.

Brown, Dee. *Bury My Heart at Wounded Knee: An Indian History of the American West*. New York: Holt, Rinehart and Winston, 1970.

Calabrese, Joseph D. *A Different Medicine: Postcolonial Healing in the Native American Church*. New York: Oxford University Press, 2013

Gwynne, S. C. *Empire of the Summer Moon: Quanah Parker and the Rise and Fall of the Comanches, the Most Powerful Indian Tribe in American History*. New York: Scribner, 2011.

Hass, Robert, ed. *The Essential Haiku: Versions of Basho, Buson, and Issa*. New York: Ecco Press, 1995.

Huxley, Aldous. *The Doors of Perception*. New York: Harper and Row, 1954.

Jay, Mike. *Mescaline: A Global History of the First Psychedelic*. New Haven: Yale University: Yale

University Press, 2021.

Jesse, Bob. *On Nomenclature for the Class of Mescaline-Like Substances and Why It matters*. San Francisco: Council on Spiritual Practices, 2000.

Keeper Trout and Friends, ed. *Trout's Notes on San Pedro and Related* Trichocereus *Species: A Guide to Assist in Their Visual Recognition; with Notes on Botany, Chemistry, and History*. Austin, TX: Mydriatic Productions/Better Days Publishing, 2005.

LaBarre, Weston. *The Peyote Cult*. Norman: University of Oklahoma Press, 1989.

Lame Dog. *Seeker of Visions*. New York: New York University Press, 1976.

Maroukis, Thomas C. *Peyote Road: Religious Freedom and the Native American Church*. Norman: University of Oklahoma Press, 2012.

Pendell, Dale. *Pharmako/Gnosis: Plant Teachers and the Poison Path*. Berkeley: North Atlantic Books, 2010.

Pinkson, Tom Soloway. *The Shamanic Wisdom of the Huichol: Medicine Teachings for Modern Times*. Rochester, VT: Destiny Books, 2010.

Shulgin, Alexander T., and Ann Shulgin. *PiHKAL: A Chemical Love Story*. Berkeley: Transform Press, 1991.

Smith, Huston, and Reuben Snake. *One Nation Under God: The Triumph of the Native American Church*. Santa Fe, NM: Clear Light Publishers, 1996.

Stewart, Omer C. *Peyote Religion: A History*. Norman: University of Oklahoma Press, 1993.

Swan, Daniel C. *Peyote Religious Art: Symbols of Faith and Belief*. Jackson: University Press of Mississippi, 1999.

生活文化73

植物靈藥：鴉片、咖啡因、麥司卡林，如何成為我們的心靈渴望？又為何成為毒品？對人類文化帶來什麼影響？

This Is Your Mind on Plants

作者—麥可．波倫（Michael Pollan）
譯者—鍾玉玨
編輯—張啟淵
企劃—鄭家謙
美術設計—吳郁嫻

董事長—趙政岷
出版者—時報文化出版企業股份有限公司
108019台北市和平西路三段二四〇號四樓
發行專線—（〇二）二三〇六六八四二
讀者服務專線—〇八〇〇二三一七〇五　（〇二）二三〇四七一〇三
讀者服務傳真—（〇二）二三〇四六八五八
郵撥—一九三四四七二四時報文化出版公司
信箱—10899台北華江橋郵局第九九信箱
時報悅讀網—http://www.readingtimes.com.tw
法律顧問—理律法律事務所　陳長文律師、李念祖律師
印刷—勁達印刷有限公司
初版一刷—二〇二二年七月二十二日
定價—新臺幣四二〇元
（缺頁或破損的書，請寄回更換）

時報文化出版公司成立於一九七五年，
並於一九九九年股票上櫃公開發行，於二〇〇八年脫離中時集團非屬旺中，
以「尊重智慧與創意的文化事業」為信念。

植物靈藥：鴉片、咖啡因、麥司卡林，如何成為我們的心靈渴望？又為何成為毒品？對人類文化帶來什麼影響？/ 麥可．波倫 (Michael Pollan) 著；鍾玉玨譯. -- 初版. -- 臺北市：時報文化出版企業股份有限公司, 2022.07
面；　公分. -- (生活文化；73)

譯自：This is your mind on plants

ISBN 978-626-335-550-7(平裝)

1. CST: 藥用植物 2.CST: 鴉片 3.CST: 咖啡因

376.15　　111008266

ISBN 978-626-335-550-7
Printed in Taiwan